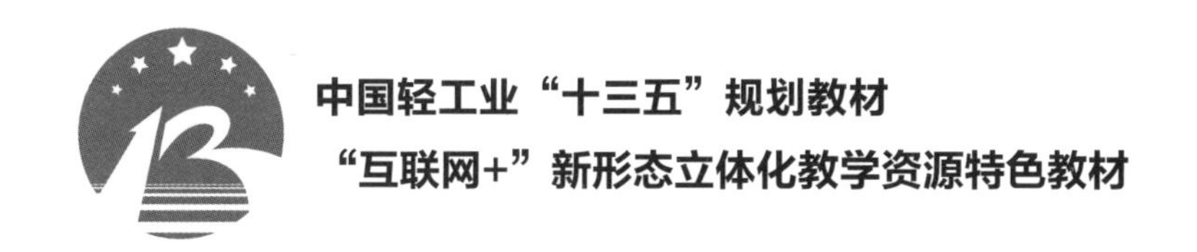

中国轻工业“十三五”规划教材

“互联网+”新形态立体化教学资源特色教材

整合创新设计方法与实践

Methods and Practice of Integrated Innovation Design

邓嵘　时迪　编著

中国轻工业出版社

图书在版编目（CIP）数据

整合创新设计方法与实践 / 邓嵘，时迪编著. —北京：中国轻工业出版社，2024.8

ISBN 978-7-5184-3258-5

Ⅰ. ①整… Ⅱ. ①邓… ②时… Ⅲ. ①设计学 Ⅳ. ①TB21

中国版本图书馆CIP数据核字（2020）第216016号

责任编辑：毛旭林　张　晗　　责任终审：劳国强　　整体设计：锋尚设计
策划编辑：毛旭林　　　　　　责任校对：吴大朋　　责任监印：张　可

出版发行：中国轻工业出版社（北京鲁谷东街5号，邮编：100040）
印　　刷：艺堂印刷（天津）有限公司
经　　销：各地新华书店
版　　次：2024年8月第1版第2次印刷
开　　本：889×1194　1/16　印张：9
字　　数：260千字
书　　号：ISBN 978-7-5184-3258-5　定价：59.80元
邮购电话：010-85119873
发行电话：010-85119832　010-85119912
网　　址：http://www.chlip.com.cn
Email：club@chlip.com.cn

241384J1C102ZBW

序

知行合一

十年前，我在江南大学主导开设了整合创新设计实验班，成为了江南大学接下去近十年里系列设计教育改革的重要序幕和亮点。期间，我也和邓嵘教授合作讲授了若干整合创新设计的课程。这一系列教育改革背后的理念和成果虽然得到了社会和体制的广泛认可，但尚未被认真梳理和总结过。今次，欣见邓嵘教授和时迪博士编著《整合创新设计方法与实践》，认真拜读了著作全稿，可喜可贺！二位学者合理地解读了整合创新设计的时代背景，充分阐述了整合创新设计概念和相关方法，辅之以大量教学和实践案例。希望其可以成为学习整合创新设计理论和方法的重要著作，并可以成为从一个特定角度了解江南大学整合创新设计教育改革的好素材。

虽说过去十年的江南大学整合创新设计教育引起了不少国内外同行的关注，然而，从上个世纪九十年代张福昌先生提倡的艺工结合开始，到本世纪初的跨学科合作，江南大学几任设计学科带头人都围绕类似的学科交叉设计教育理念，在不同的时期做过各自的教育改革尝试，也均获得了同行和体制的好评。不一样的是，时代不同，时机不同，理论和实践结合的方式也不同。三十年前，张福昌教授提出艺工结合的理念，既反映了其敏锐的行业眼光和前沿的设计教育理念，也充分符合了无锡轻工大学设计学科的机构背景和行业特色。三十年后，江南大学的整合创新设计不再是理念的倡导，而是在新的历史时期，设计学科必须履行的社会和行业赋予它的历史使命，无须先知先觉，但求知行合一。

知行合一，一个被很多人视为座右铭的古典哲学理念，看似不难理解，但真正做到却绝非易事。首先是基本的言行统一，整合创新设计实验班的创立并没有太多学理上的挑战，然而要做到整合创新培养计划和教育部专业指导委员会的专业目录、培养规范、以至江南大学招生简章的法理统一则不是一件容易的事。在这一过程中，江南大学领导以及行政部门，尤其是教务处提供了大量的政策指导和支持，让整合创新设计的理念在人才培养计划中得以充分落实，从而为后来的教学成果奖的申报打下了坚实的实践基础，而不必是冠以某种理念的指标堆积和文字游戏。

知行合一在另一个方面的体现是时代语境和教育内涵的统一。在一个全新的开放社会、多元经济环境和工业4.0时代技术的语境里，设计学科原有的理论基础和人才培养模式已经不能满足社会对新型人才的需求，也无法解释诸多新兴的设计实践活动。需求不同、问题不同，导致设计对象的变化；技术手段的进步、商业模式的发展，带来了设计方法和解决问题路径的变化。整合创新设计理念虽然和艺工结合、跨学科合作在执行路径上有着很多相似之处，但其理念的核心在于彻底打破学科界限，让知识单元回归到细胞层面，以新的个体和社会需求为线索，重新梳理和定义能力体系，培养“能够定义产品或服务，提供整体解决方案，并具备良好团队合作和沟通能力的职业设计师”，构建具有引领性和示范性的人才培养体系。

在道德意识层面，知行合一要求设计实践建立在伦理和良知的基础上。当我们把理解和满足个体以至社会需求作为学科建设线索的时候，心理学、社会学、管理学科的内容便自然成为了设计师能力培养中的重要环节，具体的实践方法邓嵘教授和时迪博士在《整合创新设计方法与实践》中有了充分的展开，这里不再赘述。在诸多关于整合创新的流程和方法的介绍里，同理心、用户研究、利益相关者分析等概念和相关工具得到了广泛的关注；然而，值得注意的是，这些方法和工具远不只是设计手段的丰富，更是设计原则的变化和设计实践活动的意义所在，也是整合创新设计良知的体现。

2013年我为江南大学设计学院明确了“培养有责任感、受尊重的设计师，致力于研究型教育”的办学理念，替代了曾经的“培养精英型设计师，致力于研究型教育”学院人才培养理念，以整合创新实验班为试点带动全院教学理念的改革，又何尝不是期望让知行合一在言行之间、在时代语境和教育内涵之间、在道德和行动之间取得统一呢！

辛向阳

同济大学 长聘特聘教授

XXY Innovation 创始人

目录

001 第一章 整合创新设计概述

001 第一节 背景与定位
001 一、实践及教育背景
005 二、内容定位

005 第二节 概念、含义与理念
005 一、创意、创新、发明的概念及关系
006 二、方法论、方法、流程、工具的概念及关系
007 三、整合的含义
007 四、关于非设计师的理念
008 五、关于设计师的理念

009 第三节 相关理论
009 一、设计与商业
010 二、设计与品牌
012 三、设计与管理

015 第二章 整合创新设计的方法与工具

015 第一节 设计思维方法与工具
015 一、设计思维的特征
016 二、思维发散的方法与工具
021 三、思维归纳的方法与工具

025 第二节 设计研究数据收集方法与工具
025 一、以“访谈”为途径的数据收集方法与工具
028 二、以“观察”为途径的数据收集方法与工具
040 三、以“创作”为途径的数据收集方法与工具

043 第三节 设计研究数据分析方法与工具
043 一、数据洞察分析
045 二、商业模式分析
050 三、BTU综合分析

052 第三章 整合创新设计的流程

052 第一节 线性设计流程
052 一、IDEO设计流程
054 二、ViP设计流程
062 三、金字塔设计流程

072 第二节 非线性设计流程
072 一、国外学者对非线性设计流程的解释
074 二、整合创新设计中的非线性设计流程

083 第四章 整合创新设计实践课题训练与案例解读

083 第一节 有技术限定的课题训练与案例解读
083 一、课题简介
083 二、案例解读

106 第二节 无技术限定的课题训练与案例解读
106 一、课题简介
106 二、案例解读

135 参考文献

课时安排一

（理论与实践同步共80学时）

参考章节	课程内容	学时
课程第一阶段：课程背景知识导入		12
第一章 整合创新设计概述	第一节　背景与定位 第二节　概念、含义与理念 第三节　相关理论	4
第二章 整合创新设计的方法与工具	第一节　设计思维方法与工具	4
第三章 整合创新设计的流程	第一节　线性设计流程 第二节　非线性设计流程	4
课程第二阶段：课题训练内容导入		4
第四章 整合创新设计实践课题训练与案例解读	第一节　有技术限定的课题训练与案例解读 第二节　无技术限定的课题训练与案例解读	4
课程第三阶段：方法工具讲解及设计实践		48
第二章 整合创新设计的方法与工具	第二节　设计研究数据收集方法与工具 一、以“访谈”为途径的数据收集方法与工具	4
	二、以“观察”为途径的数据收集方法与工具	4
	三、以“创作”为途径的数据收集方法与工具	4
数据收集实践		12
第二章 整合创新设计的方法与工具	第三节　设计研究数据分析方法与工具 一、数据洞察分析	4
	二、商业模式分析	4
	三、BTU综合分析	4
数据分析实践		12
课程第四阶段：方案输出与表达阶段实践		16

课时安排二

（先理论后实践共80学时）

参考章节	课程内容	学时
第一章 整合创新设计概述	第一节　背景与定位 第二节　概念、含义与理念 第三节　相关理论	4
第二章 整合创新设计的方法与工具	第一节　设计思维方法与工具	4
	第二节　设计研究数据收集方法与工具 一、以“访谈”为途径的数据收集方法与工具	4
	二、以“观察”为途径的数据收集方法与工具	4
	三、以“创作”为途径的数据收集方法与工具	4
	第三节　设计研究数据分析方法与工具 一、数据洞察分析	4
	二、商业模式分析	4
	三、BTU综合分析	4
第三章 整合创新设计的流程	第一节　线性设计流程	4
	第二节　非线性设计流程	
第四章 整合创新设计实践课题训练与案例解读	第一节　有技术限定的课题训练与案例解读 第二节　无技术限定的课题训练与案例解读	4
课题训练实践		40

第一章
整合创新设计概述

本章简介

本章主要对整合创新设计进行概述性讲解。首先介绍了整合创新设计产生和发展的实践背景及教育背景。然后解释了创意、创新、发明的概念及关系，方法论、方法、流程、工具的概念及关系，以及整合的含义；阐释了在整合创新过程中关于非设计师和设计师的理念。此外还对相关的一些理论进行了解释，包括设计与商业、设计与品牌、设计与管理。

第一节　背景与定位

近年来，设计领域地图得到不断扩展。从产品到服务、体验，甚至社会创新等都开始出现在设计领域地图中。在这一扩展过程中，设计所面临的挑战越发复杂，越发需要与其他专业或学科进行合作。与此同时，企业的“开放式创新”等模式得以不断发展，有的企业甚至提出“全链路设计师”的招聘需求。这一系列的变化对设计师的能力提出了新要求，也推动着设计教育及课程的变革。在此变革背景下，整合创新及跨专业的课程在国内高校的设计专业以及创新创业训练环节中，如雨后春笋般涌现。

一、实践及教育背景

1. 实践背景：企业创新模式发展新趋势

以企业为代表的创新活动中，开放式创新模式得到了不断的发展。根据加州大学伯克利分校哈斯商学院Garwood中心教务主任彻斯布鲁夫（Henry Chesbrough）的研究，可将传统的创新模式称为封闭式创新（Closed Innovation），后出现的创新模式称为开放式创新（Open Innovation）。

封闭式创新模式中，企业往往会依靠自己的力量来完成整个创新活动。一种比较常见的方式是通过突破核心技术来实现经济价值。这种模式的创新可以减少企业在社交等方面的精力和费用，一旦企业突破核心技术或者开发出具有市场潜力的商品，就可以保持在市场领先地位，从而赢得利润。但同时，在这种模式中的企业也要独自承担创新活动失败可能带来的全部风险。这时的企业存在较为明显的边界。[图1-1（a）]

开放式创新模式中强调对企业外部资源与企业内部资源加以有效整合利用。开放式创新认为通过企业内部的路径和外部的路径都可以开拓新的市场。在开放式创新模式中，企业内部的资源可以被外部的渠道带出企业，跳出企业现有的商业领域，为企业创造新的价值。企业内部的概念可以在研究阶段或者稍后的发展阶段向外输出，同时在企业外部的好概念也可以引入企业内部，所以原来的企业边界在开放式创新模式下变得模糊了。

与自主式创新相比，开放式创新强调有效地利用外部资源，这种做法可以形成企业内外的优势性互补，缩短创新的周期，减少成本消耗等，有助于提高企业的竞争力。通过利用无论是来自企业内部还是外部的有价值的概念来提高企业自身的经济实力，把企业自身的概念也同外部的商业进行结合，同时也不限定外部利用企业内部的概念创造新的价值。企业向外部广阔知识领域开放，还可以避免面临研发窘境。总的来说，通过开放式创新，企业可以更新当前的商业模式，并可以产生新的商业模式。[图1-1（b）]

伴随着开放式创新的发展，企业的边界变得模糊，打破了以前认为企业是创新主体的观点，企业与更多的相关组织机构一同开展创新活动。在开放式创新模式中，企业、学校、科研机构、金融机构、政府等发挥各自的优势，整合资源，实现优势互补，形成了一种新的创新模式。企业整体创新模式变化的同时，企业内部的创新过程也在发生新的变化。

美国经济学家、萨塞克斯大学科学政策研究室的罗斯维尔（Roy · Rothwell）对企业内部的创新过程进行了研究总结，他认为电子通信等新技术的发展不仅影响了创新的内容，也影响了创新的过程本身。他对1960～1992年的创新过程模式进行了研究，并将创新过程模式的演变归为五种过程模式：技术推动式（Technology-push）、需求拉动式（Need-pull）、技术与需求耦合式（Coupling）、一体化式（Integrate）和一体化网络式（SIN，Systems integration and networking model）。在这五种创新过程模式中，20世纪80年代之前的几种创新过程模式更倾向于线型创新过程模式，之后的几种创新过程模式更倾向于非线型的创新过程模式。（图1-2）

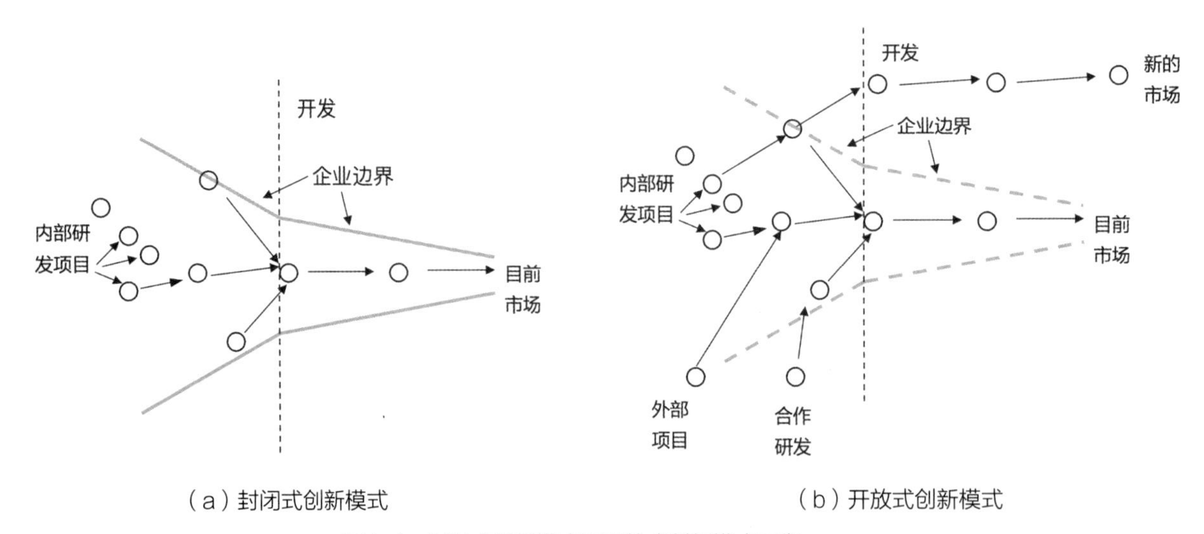

（a）封闭式创新模式
（b）开放式创新模式

图1-1　封闭式创新模式和开放式创新模式示意

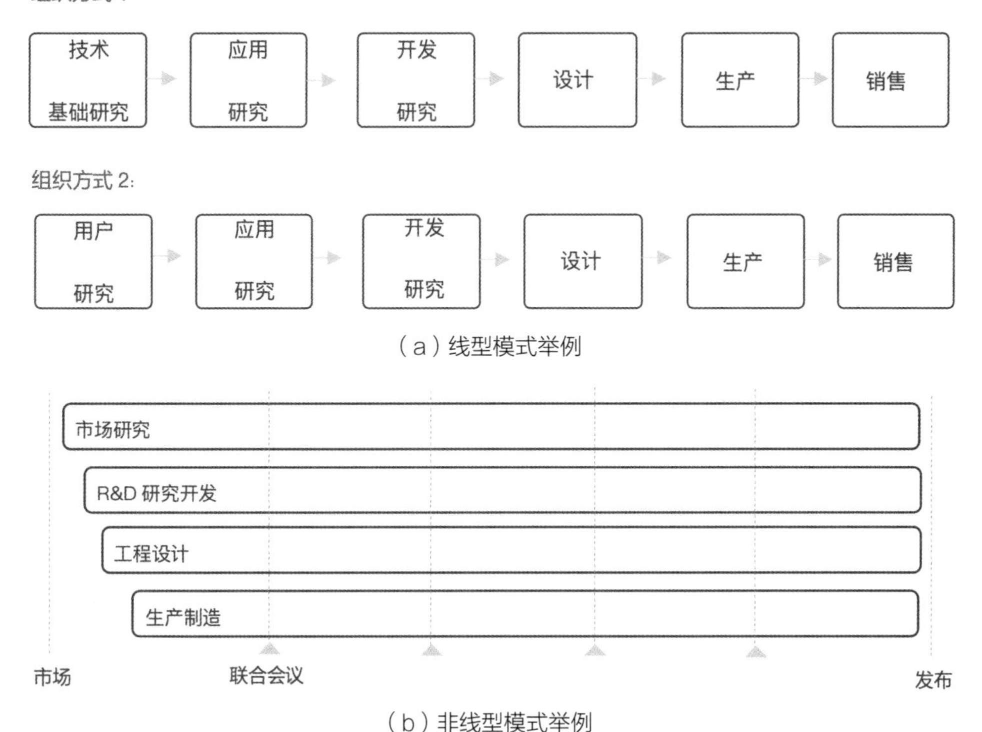

图1-2　企业创新过程模式中的线型模式和非线型模式举例

自1912年美国经济学家、哈佛大学教授熊彼特（Joseph Alois Schumpeter）的相关研究强调技术对经济发展的作用以来，技术驱动创新得到了普遍的认可。基于这种理解的创新过程也是从技术研究开始的。这一阶段的创新过程模式是技术推动型的。但这种唯由技术驱动创新的观点受到了后继研究的质疑，比如美国经济学家斯特凡·施穆克勒（Stefan C. Schmukle）提出了市场需求驱动创新的过程模式。这一阶段的创新过程模式是需求拉动型的。

到了20世纪70年代，技术推动和需求拉动的创新模式被很多学者认为过于单一，由此形成了一种联结科学、技术和市场需求的耦合式的创新过程模式。这种调整后的创新过程模式认为科技和市场因素贯穿创新活动的始终，但依然没有跳出创新活动是由一个职能环节完成后再交给下一个职能环节的线型模式。

20世纪80年代之后，出现了一种一体化的创新过程模式，这种模式已经不是完成一个职能环节后再进行另一职能环节，而是多个职能环节同时进行。在这种模式中，企业内部与供应商有着更紧密的联系，与用户有着更近的连接，强调研发和制造之间的衔接以及横向的合作。在一体化模式之后，进一步出现了较为系统的一体化网络式创新过程模式。这种模式充分强调平行开发，在战略开发前期就关注用户，并且战略性地与供应商一起开发新产品。在这种模式中，企业内部的横向合作得到加强，各个职能环节合作研发、合作开拓市场、联合承担风险，同时还强调合作的灵活性。罗斯维尔指出：一体化创新过程模式代表了概念和实践的结合，而一体化网络式创新过程模式代表了概念引导实践。

在非线型创新过程模式的带动下，企业创新活动中不同职能部门的线型工作顺序被打破，设计也开始在创新活动中扩展，不仅向后与制造有了更多的深入结合，而且向前与设计概念形成之前的研究等有了更多的深入结合。企业的研究和开发已经不仅仅是一个串行的任务，而是需要与制造商、用户、技术开发、设计等一起完成。设计也不再是研发之后、制造之前的一个独立环节，而是贯穿整个创新活动。如在2017年，阿里巴巴甚至提出了“全链路设计师”的招聘需求。

2. 教育背景：设计知识构成新需求

企业整体创新模式及企业内部创新过程模式的变化，不仅要求设计师有能力与企业内部其他部门的人进行整合创新，还要求设计师能够与更多企业外部的人进行整合创新。在这种背景下，设计教育模式及具体的课程教学都面临新的挑战。

（1）国外教育情况

在国外，面对挑战，不同高校提出了不同的应对方式。比较有代表性的有美国麻省理工学院的媒体实验室（The MIT Media Lab）、斯坦福大学的设计学院（D-school）以及哈佛大学的创新实验室（i-lab）等。其中，美国麻省理工学院的尼可拉斯（Nicholas Negroponte）教授等认为媒体实验室应专注于发明创新的探索而不是仅仅将科技产品化，因此实验室里有很多具有探索性的跨学科创新型尝试。斯坦福大学所创办的设计学院由斯坦福大学商学院、工程学院、社会学院和艺术学院联合制定课程，其中汇集了工学、经济学、社会学、美学等多学科的专家和研究人员，希望能够培养跨学科的人才，将来可以成长为硅谷中融科技、设计、艺术、商业为一体的优秀创业者。哈佛大学的创新实验室也积极开展了很多研究。该实验室旨在鼓励跨学科创新创业，其学生来自哈佛商学院、设计研究生院、应用工程学院、教育研究生院、肯尼迪学院、法学院、文理学院以及公共卫生学院等。

在这些教育模式的探索中也出现了很多课程教学尝试。比如斯坦福大学的设计学院中，有一门编号为“ME310”、名字为“设计创新”的课程。在这门课程中，学生需要以小组为单位进行产品设计。在课程结束时，学生会提交一个能展示他们想法的概念验证（proof-of-concept）。由于设计学院的课程面向全校开设，每个团队（学习小组）会由不同背景的学生组成；此外，该课程还与众多海外院校合作，每个团队都会与一个合作院校的团队共同设计产品。被估值20亿美元，并已经取得初步成功的Snapchat（一款“阅后即焚”的照片分享应用）就是在斯坦福大学中一门与ME310类似的本科课程的启发下开发而成的。

（2）国内教育情况

在国内，很多高校面对新的挑战，也开展了很多尝试。尤其2011年发布的《国家“十二五”科学和技术发展规划》提出“协同创新”概念后，各高校纷纷设立“协同创新中心”等类似机构，并在创新创业训练环节中增加整合创新的相关课程。比如江南大学设计学院很早便开始实施整合创新的课程建设。广州美术学院的培养方案中也把整合创新作为设计专业高年级课程教学的重要内容。同时，很多院校的设计专业也都开设有创新创业课程以及系统创新课程。然而，在这些课程中尚缺少教材支撑。

二、内容定位

由于国内目前仍然缺乏有针对性的整合创新设计的课程教材，因此我们基于江南大学设计学院整合创新实验班的“整合创新设计”课程的历年教学经验，针对整合创新设计的方法工具和流程的理论及实践，提供了一套有针对性的教学模式和内容，以期为设计专业及跨学科创新团队的整合创新设计环节提供工具开发所需要的原理与要素，助力相关教育活动。

本教材希望可以对三类人群有所帮助。首先是设计专业中希望进行跨专业整合创新的师生；其次是高校里整合创新创业培训课程中的师生以及其他对整合创新感兴趣的实践者。

本教材共分为四章。其中第一章为整合创新设计的概述，包括教材的撰写背景与定位、整合创新设计的含义以及相关的概念与理论，帮助读者对整合创新设计形成一定的认识和理解；第二、三章分别为整合创新设计的方法与工具和流程，介绍开展整合创新设计的“工具盒”以及不同的流程模型；第四章为整合创新设计实践课题训练与案例解读，以真实的教学案例为基础，强化对整合创新设计方法与工具和流程的理解。

本书的整体内容更像是提供一套乐高玩具，以帮助读者更加有效地开展整合创新的游戏。在这套玩具中，包括了基本的理论、方法、流程等。在这些内容的基础上，读者可以根据自己独特的实际需求进行编排、组合、拼插，进行创造性的使用。

在本教材中，整合创新过程中如何进行跨专业的有效沟通？如何让非设计师参与到创意与创新的过程中？有什么样的方法或工具可以辅助这些过程？这些方法与工具背后的原理是什么？均可以找到一些解答。希望通过这一系列问题的解答，为整合创新设计的参与者提供一套可以自由使用、灵活变化的整合创新设计开发方案，助力我国整合创新设计教育与实践的有效开展。

第二节　概念、含义与理念

在进入整合创新的方法工具流程之前，有必要对本教材中的一些概念做简要梳理。因此，本小节将首先对创意、创新、发明以及方法论、方法、流程、工具的概念加以简要区分，其次给出对于整合创新设计的理解，最后讲解整合创新设计的相关理论。

一、创意、创新、发明的概念及关系

创意、创新、发明是几个比较容易混淆的词语，在此以范围为视角对这几个词语加以区分。“创意”一词在《现代汉语新词词典》中解释为创造性的见解或意境，在《新词语大词典》中解释为有创造性的想法、构思等。“创新”一词在《社会科学大词典》

中解释为西方经济学概念，是熊彼特在《经济发展理论》一书中提出的。创新就是“建立一种新的生产函数”，是指“企业家实行对生产要素新的组合”，把生产要素及生产条件的“新组合”引入生产体系。创新包括4种情况：引入新的生产方法；开辟新的市场；获得原料的新来源；实行一种新的企业组织形式。创新可以使企业家获得超过正常利润的超额利润。熊彼特认为，用创新所获得的超额利润是合理的，是企业家“应得的合理报酬”，因为创新推动了社会进步。在熊彼特看来，企业家是资本主义的“灵魂”，其职能就是创新、引进“新组合”，经济发展的真正含义是资本主义社会不断地实现这种“新组合”的过程。“发明”一词源于日本。日本在其《专利法》中将“发明”定义为：利用自然规律进行的具有高度的技术性思想的创造。在《中国百科大辞典》中，“创新”与“发明”的主要区别是，“发明”是新事物的发展，而“创新”是新事物的实际采用或引进。

通过以上解释可以看出，并不是所有的创意都会是全新的事物或方法（即发明），也并不是所有的发明都会被实际采用或引进（即创新）。因此，创意的范围大于发明，发明的范围大于创新。（图1-3）

二、方法论、方法、流程、工具的概念及关系

此外，方法论、方法、流程、工具也是在本书中会高频出现的几个词语，因此也有必要对其加以解释。“方法论”一词源于希腊文，意思是关于方法的学说。“方法论”在《方法大辞典》中解释为人们认识世界和改造世界的根本方法的学说和理论体系，在《中华法学大辞典·法理学卷》中解释为研究方法的理论，或某门科学所操作的研究方法、方式的总和。“方法”一词在《当代汉语词典》中解释为解决思想、说活、行动等的门路、程序、技巧等。“流程”一词在《现代汉语词典》中解释为产生某一结果的一系列操作或处理。“工具”一词在《新华汉语词典》中解释为生产劳动的器具，用来达到某种目的的东西或手段。

通过以上解释可以看出，方法论包含方法，方法包含程序（含流程）和技巧等，方法和流程中都会涉及工具。（图1-4）

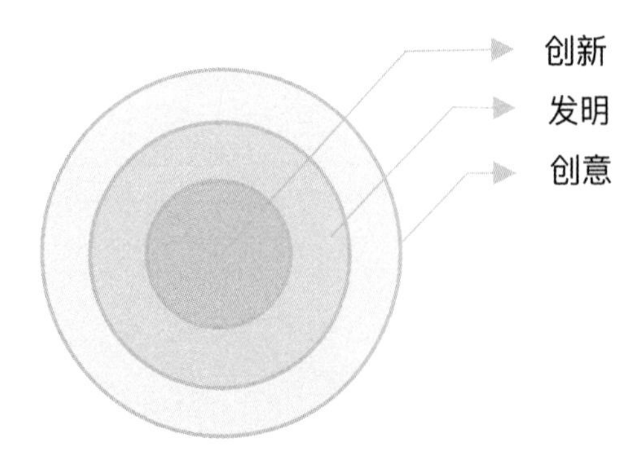

图1-3 创意、创新、发明的关系

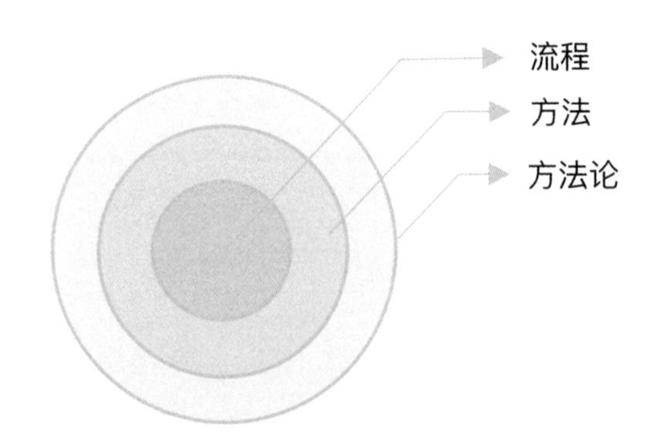

图1-4 方法论、方法、流程的关系

三、整合的含义

本书所讲的整合创新设计中的整合有两个层面的含义。其一，是参与创新的成员的整合性。即创新的主体不仅仅是设计师，而且包括非设计师，应通过一定的方法和流程激发非设计师的创造力。其二，是创新结果的整合性。即创新的产出不仅仅是单一的产品或品牌等，而是一种系统性的思考，可能会是产品加品牌等综合性的产出。

四、关于非设计师的理念

在整合创新设计中，关于非设计师的理念是：非设计专业的参与者，或企业中非设计部门的人员均具有创造力，均可以参与到创新过程中。

这一理念较多受到“创造力”相关研究的影响。20世纪50年代，对创造力的研究多集中在一些天才上，如爱因斯坦的大脑。至20世纪70年代，关于创造力的研究逐步扩展到与大脑有着密切联系的情绪上，比如人们发现积极、愉悦的情绪可以提升人的创造力，而紧张的情绪状态会抑制人的创造力，提升人的专注力。进入21世纪之后，关于创造力的研究扩展到了周围的环境上，比如人们发现在活泼、有趣的环境中，人的创造力会提升，在干净、严肃的环境中，人的创造力会变弱。随着从大脑到周围环境的研究扩展，对创造力的研究也从天才转向普通大众。

后续对于创造力的研究更加深入和细化。英国萨塞克斯大学认知科学研究教授玛格丽特·博登（Margaret Boden）对H-creative和P-cretivity进行了区分。H-creative指的是具有历史意义的创意，例如一个以前从未有过的想法、概念或产品。P-cretivity指的是心理创造力，例如一个人从一个领域借用一个想法并应用到另一个领域中。后者的这种创造力并不独特，且适用于每个人。博登指出，过去有创意的人更有可能在未来拥有它们，而且经常有新想法的人会不断持续下去。

美国俄亥俄州立大学教授伊丽莎白·桑德斯（Liz Sanders）将P-cretivity称为“日常创造力”。并且基于多年观察以及与人们讨论他们的需求和生活梦想，提出了一个关于日常创造力的框架。该框架将日常创造力分为四个层级。（表1-1）

表1-1　日常创造力的四个层级

层级	驱动力	目的	例子
做	高效	把某事完成	购买一个现成的菜品
调试	合适	把某物变成属于我的或更适合我的	对买来的半成品菜品进行加工
制作	证实我的能力或技能	自己动手制作	按照菜谱做一个菜品
创作	好奇	表达自我能力	自创一个新的菜品

最基本的创造力层级是“做”。“做”背后的动机是通过高效的活动完成某件事情。“做”需要极少的兴趣，同时对技能的要求也很低。当今提供给消费者的许多商品和服务就可以满足“做”这个层次的创造力。这些商品和服务通常以“现成品”的形式来到消费者面前。例如在日常消费领域，“做”层面的创造力活动是消费者通过购买现成的菜品来准备一顿饭。

第二个创造力层级是“调试”，它更进了一步。“调试”背后的动机是通过改变或调整某种事物来创造属于自己的东西。人们这样做的目的是让一个物体能够更好地满足自身的个性和功能需求。只要产品、服务或环境不能完全满足人们的需求，我们就会看到“调试”这一创造力的出现。“调试”层级的创造力水平相对于“做”层级的创造力水平，需要更多的兴趣和更高的技能水平。此外，“跳出框架”来思考是需要一些信心的。“调试”层级的例子，常见的比如对买来的半成品菜品进行加工；在蛋糕配料中添加额外的成分以使其变得可口等。

第三个创造力层级是“制作”。“制作”背后的动机是为了证实能力，通过手和头脑来制作或构建以前不存在的东西。在“制作”层级中，通常存在某种指导，例如通过配方或说明来完成某件事。“制作”需要对这个领域具有真正的兴趣，也需要一定的经验。人们可能会将大量的时间、精力和金钱花在他们最喜欢的制作活动上，因此人们的许多爱好都属于该层级的创造力。如果仍举一个与食物有关的例子，则是按照食谱来做一道菜品。

最高层级的创造力是“创造”。“创造”背后的动机是表达自己或进行创新。真正的创造性活动往往受到丰富经验的推动和引导。“创造”不同于“制作”，创造依赖于原材料的使用并且在使用过程中没有预先设定的模式。例如，“制作”是按照食谱烹饪菜品，而“创造”是在自己独创出来的菜品。

所有人都有能力达到更高一级水平的创造力，但需要激情和经验才能做到这一点。人们在不同领域的创造力水平不同，因此为了提升非设计专业参与者在相应领域的创造力，需要提供一些方法与工具帮助他们进行创新。

五、关于设计师的理念

整合创新设计中关于设计师的理念是：设计师可以通过一系列的方法与工具提升非设计专业参与者的创造力，与其一同进行创新。

这一理念的基础同样是源于近年来对创新的研究。英国心理学家格雷厄姆 · 沃拉斯（Graham Wallas）提出了创新的五个阶段：我们首先沉浸在所有数据中，然后在潜伏期内孵化思考，在此期间我们不自觉地围绕问题进行思考，如同程序在后台运行那样。通常在一夜好眠之后，我们会形成新的见解，并尝试去探索、验证和阐述它们。对于习惯于对每一步都进行理性证明的人来说，这种解决问题的过程可能是困难的。（图1-5）

准备(preparation)　孵化(incubation)　启发(intimation)　说明(illumination)　证实(verification)

图1-5　创新五阶段

为了进一步明确创新，桑德斯将创新过程归纳为两个阶段：灵感阶段和表达阶段。在灵感阶段又细分为沉浸阶段和激活阶段，在表达阶段又细分为想象阶段和表达阶段。在这个过程中的每一个阶段，都有相应的方法与工具给予一定支撑。

沉浸阶段主要是围绕问题进行思考，需要提供工具来帮助参与者提升对相关活动的敏感度。此阶段可以使用的工具有“日记”“一天记录”“工作手册”等。

激活阶段主要是指因为一定的刺激激活了记忆中相关联的内容。这个过程通常可以通过字句或想法的关联性发生。此阶段可以使用的工具有“拼贴”“认知图绘”等。

想象阶段主要是启发参与者对未来新的可能性进行想象。这个过程可以借助一些工具来辅助参与者进行想象。此阶段可以使用的工具有“乐高积木”“橡皮泥”等可以自由组合和创作的材料。

表达阶段主要是参与者对自己的想象和创造进行表达。这个过程同样可以借助一些工具来辅助参与者进行表达。此阶段可以使用的方式有情境表演等。

第三节　相关理论

一、设计与商业

要谈设计与商业的关系，不得不从美国说起。工业设计被作为一种社会公认的职业始于美国，它是20世纪20~30年代激烈商品竞争的产物，因而一开始就带有浓厚的商业色彩。当时的设计师为了促进商品销售，增加经济效益，不断翻新花样，以流行来博得消费者的青睐，但这种过度商业化的设计有时是以牺牲部分实用功能为代价的。

随着经济的繁荣，20世纪50年代，美国出现了消费高潮，这进一步刺激了商业性设计的发展。在商品经济规律的支配下，“形式追随功能”这一现代主义的信条被“设计追随销售”所取代。美国商业性设计的核心是“有计划的商品废止制”，即通过人为的方式使产品在较短时间内失效，从而迫使消费者不断地购买新产品。商品的废止形式有三种：一是功能型废止，即使新产品具有更多、更完善的功能，从而让先前的产品“老化”；二是合意型废止，即经常性地推出新的流行款式，使原来的产品过时，这样产品就会因不符合消费者的心意而遭到废弃；三是质量型废止，即预先限定产品的使用寿命，使其在一段时间后便不能使用。

有计划的商品废止制是资本主义经济制度的畸形儿，关于它，有两种截然不同的观点。美国通用公司造型设计师哈利·厄尔（Harley Earl）等人认为它是对设计的最大鞭策，是经济发展的动力，并且在其实际设计活动中给予应用。另一些人，如美国建筑师和工业设计师艾略特·诺伊斯（Eliot Noyes）等则认为它是对社会资源的浪费和对消费者的不负责任，因而是不道德的。

美国20世纪50年代的汽车设计是商业性设计的典型代表，有计划的商品废止制在汽车行业中得到了彻底体现。当时美国的汽车虽然宽敞、华丽，但耗油多，功能上也不尽完善。对制造商来说这些无关紧要，因为他们生产的汽车并不是为了经久、耐用，而是为了满足人们把汽车作为能力和地位象征的心理。

随着经济的衰退、消费者权益意识的增加和后来能源危机的出现，大而昂贵的汽车不再时髦。同时，从欧洲、日本进口的小型车提供了不同形式和功能的概念，并开始广泛地占领市场，迫使制造商放弃“有计划的商品废止制”，由梦幻走向现实。

从20世纪50年代末起，美国商业性设计走向衰落，工业设计更加紧密地与行为学、经济学、生态学、人机工程学、材料学及心理学等现代学科相结合，逐步形成了一门以科学为基础的独立、完整的学科，并开始由产品设计扩展到企业的视觉识别计划中。这时工业设计师不再把追求新奇作为唯一的目标，而是更加重视设计的宜人性、经济性、功能性等。

综上所述，商业对20世纪的工业设计发展有着很强的促进作用。正是由于商业的需求，设计才延伸到商业的各个领域中。不管哪件产品的设计，都与商业文化有着不可分离的关系。

设计和市场挂钩，让市场有机会用激烈的竞争去推动社会的发展，同时也促进了设计本身的发展。尤其在当下，一款好的产品不单单是为用户服务，还需要为公司创造商业价值。这就需要许多岗位通力合作，站在共同的立场上来思考公司的价值、公司的产品战略和推广问题，也需要设计师不仅做设计，还要拥有商业思维，在设计中附加能够促进用户消费的细节，保证产品设计的质量的同时，为公司带来利润。

二、设计与品牌

品牌的理念历史悠久，比如画家会在画布上署名，以证明画作的归属，农户会在牲畜身上烙印，以证明牲畜的归属。在当下的品牌世界中，产品质量的真实性和使用性能依然是消费者关注的重要因素，但这只是一个品牌能获得成功的一小部分原因。

正如纪录片《品牌的奥秘》向我们揭示的“品牌通过各种标识向我们展示自身的力量，品牌创造财富，甚至可以代表国家，品牌改变了我们的生活方式”，每个企业都希望自己的品牌能够成为世界顶级品牌，能够向消费者提供自己的价值主张并产生强大的影响力，但这需要具有前瞻性和连贯性的不懈努力。如果说有什么品牌可以达到家喻户晓的程度，那一定首推可口可乐。

总价值高达790亿美元的可口可乐是全球知名顶级品牌，据统计，全世界每天可消耗约20亿瓶可口可乐。下面以世界顶级品牌可口可乐为例，对品牌的标识设计、文化与价值设计、服务与体验设计几个方面进行阐述。

1. 品牌标识设计

品牌标识设计是在企业自身正确定位的基础之上，基于正确品牌定义下的视觉沟通，它是一个协助企业发展的形象实体，不仅协助企业正确地把握品牌方向，而且能够使人们快速对企业形象进行有效、深刻的记忆。

品牌标识是构成品牌的视觉要素，它包含文字标识和非文字标识两部分。统一的视觉形象对于品牌有着重要的意义，因此品牌标识设计已不仅仅限于文字、符号、色彩，也延伸到产品包装、营销广告中。

1923年，可口可乐公司新的领导人罗伯特·温希普·伍德拉夫（Robert Winship Woodruff）将汽车行业标准化作业引入可口可乐。不仅如此，他还将视野延伸到产品之外，通过各种各样的方式建立统一标准的企业形象，并向公众强势输出。可口可乐总部设置的档案馆完整保留了伍德拉夫制定的视觉手册，该手册对品牌logo、色彩，甚至户外道路标志和公司的喷绘都做出了详细的规定。这些措施使可口可乐“始终如一”的品质形象得到了广泛传播和公众的认可，到1928年，可口可乐的销售额增长了65%。（图1-6）

图1-6　罗伯特 · 温希普 · 伍德拉夫与可口可乐品牌logo

2. 品牌文化与价值设计

通过设计思维，可以为品牌设立价值点。品牌可拥有多个价值支柱，并且每一个价值支柱都可以通过多种方式变成现实。品牌价值支柱创造了一个以价值为基础的、多样化标准的框架，有助于指导和优化企业的产品和服务，并为客户创造价值。

目前，美国“策略管理之父”伊戈尔 · 安索夫（H · Igor Ansoff）博士于1957年提出的安索夫矩阵是应用最广泛的营销分析工具，其中区别出四种产品和市场组合相对应的营销策略：市场开发、市场渗透、多样化经营、产品延伸。设计思维能够深深渗入矩阵的四个板块中，对品牌的架构与价值进行设计和定位。（图1-7）

	原有产品 Existing Products	新产品 New Products
新市场 New Markets	市场开发 Market Development	多样化经营 Diversification
原有市场 Existing Markets	市场渗透 Market Penetration	产品延伸 Product Development

图1-7　安索夫矩阵图（Ansoff Matrix）

在第二次世界大战日本偷袭珍珠港、美国参战的背景下，为了表达对国家和民众的支持，可口可乐公司在不到24小时的时间内就决定向美国士兵提供“公益可乐”，宣布“任何身穿美国军装的人花5美分就可以购买一瓶可口可乐”。可口可乐不仅成为战时提振士气的必需品，还成为士兵们在遥远的异乡思念祖国和家人的一种寄托。随着战争的大范围铺开，可口可乐也被美军带往世界各地。

可口可乐公司通过此举成功建立起与民众的情感与文化联系，赋予自身品牌深刻而丰富的文化内涵，建立了鲜明的品牌定位，进而赢得了消费者在精神上的高度认同和信任。

3. 品牌服务与体验设计

品牌设计，除了标识、文化与价值等营销性设计，还包括服务与体验设计，即通过产品的延伸价值，将消费者紧紧联系在品牌周围，进而提高消费者对品牌的认可度和忠诚度。

在多年的品牌打造中，设计使得可口可乐的品牌拥有了多重价值：不仅好喝，还好玩，甚至还可以为公益做贡献。也就是说，可口可乐不仅仅致力于卖一瓶饮料，还致力于提供一种服务和体验。例如，2014年，可口可乐公司为了鼓励人们重新利用废物，在泰国和越南发起了名为“2ndlives”的活动。活动中，可口可乐公司为购买可乐的人免费提供16种功能不同的瓶盖，把它们装到旧可乐瓶子上，就可以把瓶子变成水枪、喷壶、哑铃、拨浪鼓等小玩具。

这种优质的服务和丰富的体验，成为品牌专有形象与属性的组成部分。设计结果常被视为品牌的一种表达，而品牌形象和属性就是用来发展和评价设计结果的。设计为成熟的企业提供了一些方法来探索价值的新领域，有助于将品牌拓展到这些新的价值领域。

三、设计与管理

1. 设计管理的含义

什么是设计管理？长久以来，设计管理一直没有一个相对统一的概念，但是在多年的实践与总结下，设计管理在研究方向和内容方面有了相对完整的体系。

设计管理结合了设计与管理两个内容。就设计师而言，可以理解为管理学在设计研究、设计实践中的应用，即对具体设计工作的管理。就企业管理而言，可以理解为对企业的设计项目所做的战略性管理与策划。由于设计自身的特性，设计管理所关注的议题与其他管理学相比较为独立，拥有更独立的体系。

总的来说，设计管理正在努力把各个分裂对立的关系转化成为可以相互探讨和理解的关系，以此来解决企业、产业在发展创新过程中的实际问题。

2. 设计管理的价值

通常而言，设计管理能够影响设计项目的整个进程。良好的设计管理一方面会加快项目的进展，使项目充满活力，同时为各方带来更多收益；另一方面，还可以使设计项目更加完善。良好的设计管理会对以下方面产生有利影响：创造力、质量、关系、工作流程、时间、成本（酬劳和开销）、盈利。

因此，学习设计管理的相关知识，在设计实践中运用一些行之有效的工具，实施一些项目管理计划是必要的。

3. 设计管理三要素

传统意义上的设计项目管理围绕三个关键要素：成本、时间和工作范围。三个要素相互制约、相互推动。（图1-8）

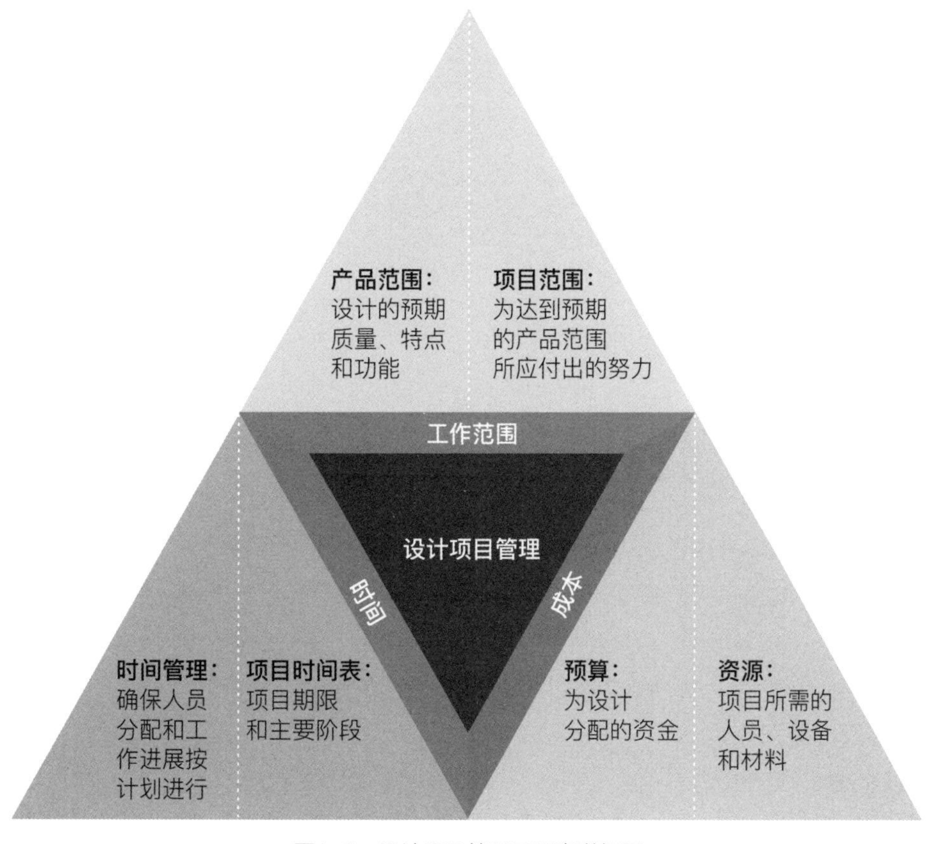

图1-8　设计项目管理三要素详解图

每个设计项目都是由设计师、客户和相关团队通力合作完成的，这就需要有一个项目管理计划。虽然设计师是设计项目的核心，但多数时间，设计师难以掌控设计项目的方方面面。客户的要求在很大程度上限制了设计师的工作，譬如项目时间表、项目预算及部分人员配置都是由客户决定的。另外，受众人群、设计目标以及品牌需求也会对设计流程产生直接影响。而良好的设计管理能够帮助设计师协调各个方面的关系，从而设计出更好的作品。

在设计流程中，对工作影响较大的因素包括：①沟通，即时、高效的沟通和信息共享将大大提升项目的进展效率；②工作内容，重要工作、核心工作需要反复推敲、验证，而相对简单的工作可以适当合并，甚至可以省略不重要的步骤，将精力集中于核心工作；③时间，过短的时间安排容易使设计丢失一些细节，而过长的时间安排会让整体节奏变得缓慢，影响效率，这就要求项目的每个阶段都需要有合理的时间安排；④预算，充足的预算适合周期长、复杂的项目，若预算有限，应简化工作，以使效益达到最大化；⑤投放媒体，不同的传播媒体会对设计流程造成不同影响，注意，不同类型的合作客户，可能需要不同的传播媒体。（图1-9、图1-10）

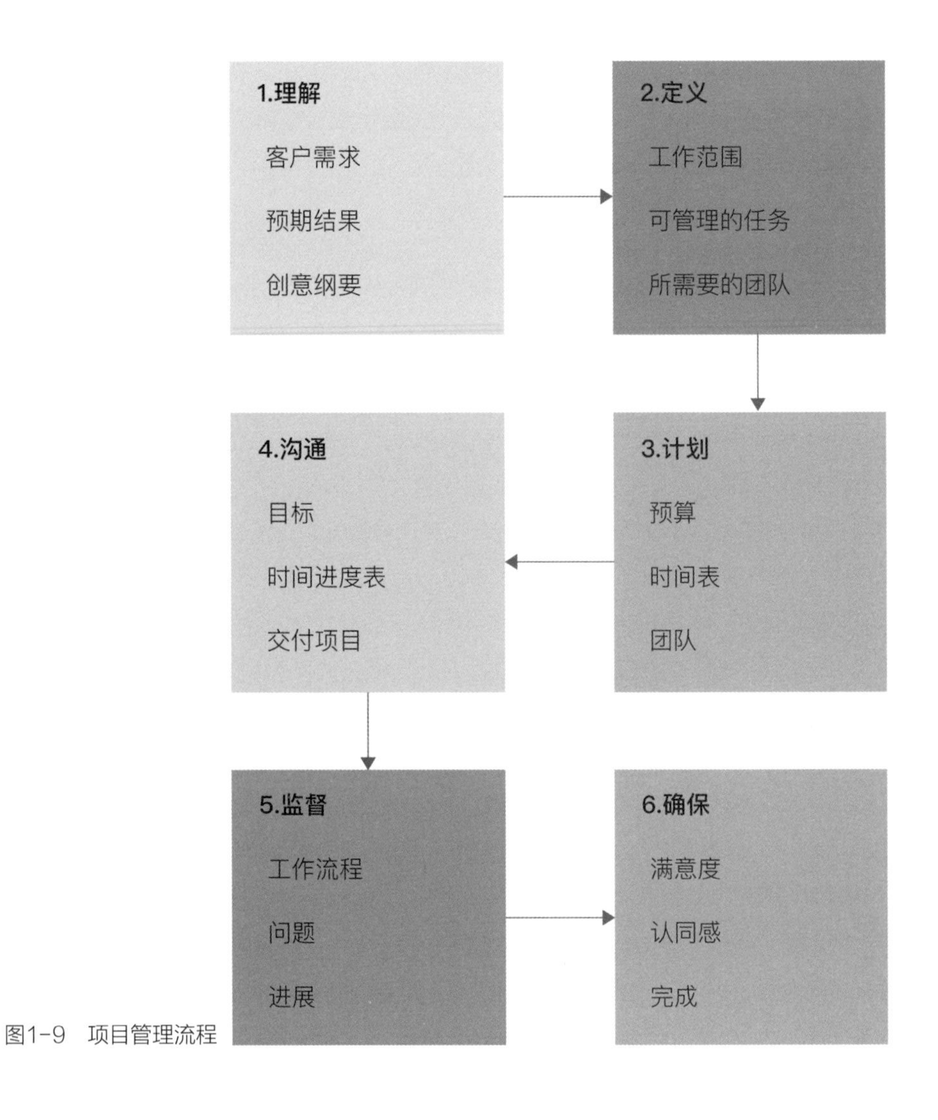

图1-9　项目管理流程

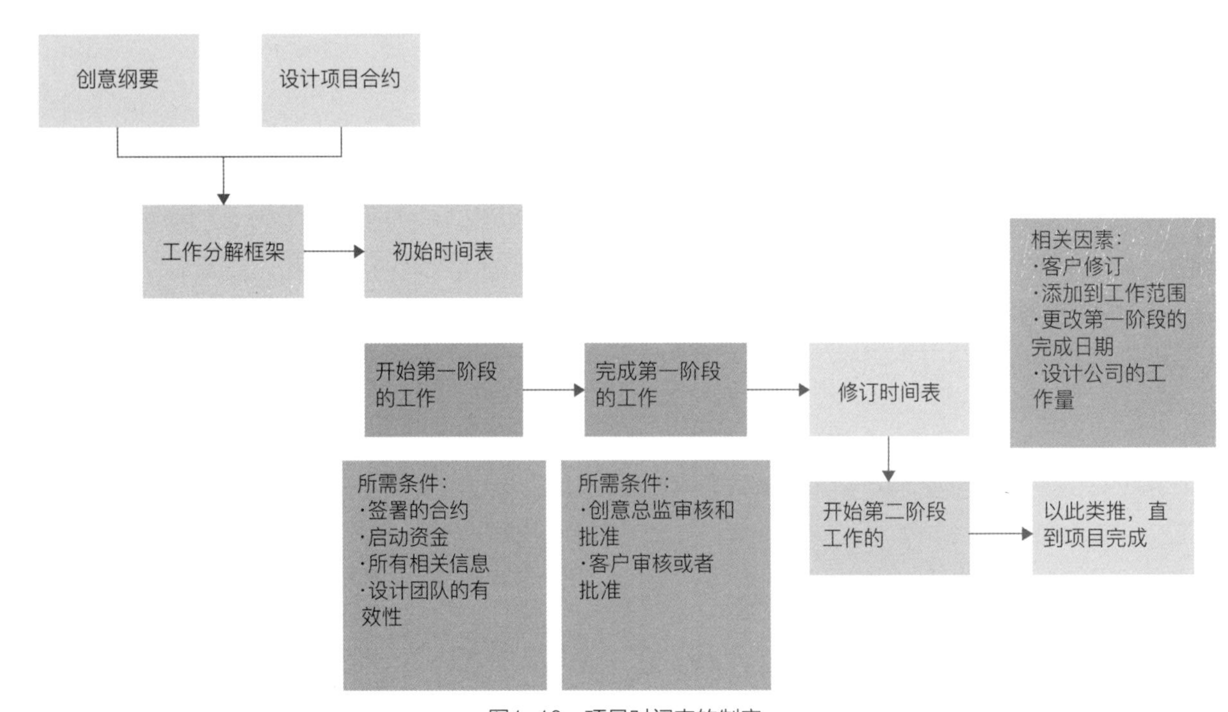

图1-10　项目时间表的制定

第二章
整合创新设计的方法与工具

本章简介

本章主要结合学生案例，对设计思维及工具、设计研究数据收集的方法及工具、设计研究数据分析的方法及工具进行了介绍，以提供给同学们关于整合创新设计方法的工具盒子，进而在后续的设计流程中选择、创新和使用。

第一节　设计思维方法与工具

一、设计思维的特征

设计思维与其他学科的思维不同，具有一定的独特性。在学习设计思维的方法与工具之前，有必要对设计思维的特征进行一些探讨。

设计思维与传统思维的不同在于，传统思维主要运用大家熟知的归纳（Inductive）推理和演绎（Deductive）推理，而设计思维运用的是溯因（Abductive）推理。

溯因推理的概念最早由美国哲学家皮尔士（Charles Sanders Peirce）提出。他认为，任何一种科学探索都包含三种不同类型的推理组合。归纳是从特殊到一般，它试图证明什么是正确的，但得到的结果不一定是正确的；演绎是从一般到特殊，它展示什么是起作用的，得到的结果肯定是正确的；而溯因则仅仅是对事物和现象进行解释的过程，它是根据事实推导出最合理解释的推理过程。

下面借用荷兰独立研究组织荷兰应用科学院资深科学家麦克·斯迪恩（Marc Steen）在研究中给出的一个例子来具体解释这三种推理。归纳推理始于观察，然后从观察中找出一个模式。比如如果一个人通过观察发现：黄铜在加热之后会扩大（P1-Q1），钢铁在加热之后也会扩大（P2-Q2），那么他就可以归纳推理出金属在加热之后会扩大（P-Q）。这种推理在自然和人文学科中都有应用。演绎始于一个或者两个前提，然后从中得到一个结论。比如一个人得到两个前提：所有的人类都是会死的（P-Q）、苏菲是一个人（P），那么他就可以演绎推理出苏菲是会死的（Q）。这种推理是数学和逻辑中常用的推理方式。而溯因推理则是始于一个特殊的情景或者问题，然后同时形成对问题情景和可能方案的理解。例如设计一个有市场的水杯，当想到了一个带有温度显示的杯子后才明确了需要解决杯中水温的可感知性问题。

由此可以看出，归纳推理仅得出结论不作一般性解释，而溯因推理会对事物和现象尝试进行合理的解释；演绎推理是根据事实和规律得出结果，而溯因推理是根据结果和规律得出事实。溯因推理的过程，既需要思维的发散，也需要思维的归纳。鉴于此，下面将讲述这两种思维的具体方法。

二、思维发散的方法与工具

1. 奔驰法

（1）概述

奔驰法（SCAMPER）是用来辅助和生产创新思维的方法之一，它主要通过七种思维启发方式帮助我们拓宽解决问题的思路，即替代（Substitute）、合并（Combine）、改造（Adapt）、调整（Modify）、改变用途（Put to other uses）、去除（Eliminate）、反向（Reverse）。（表2-1）

表2-1　奔驰法七种思维方式的具体内容

替代（Substitute）	概念中哪些部分可以被替代从而得到改进？哪些材料或资源可以替换？哪些产品或流程的使用也可以达到同样结果？
合并（Combine）	改进概念可以结合哪些元素？是否可以将该产品与其他产品结合？是否可以结合不同的设计目的？
改造（Adapt）	是否可以调整概念中的一些元素？如何调整产品以适应其他设计目的？还有什么相似产品可以进行调整？
调整（Modify）	如何修改你的概念来进行改进？是否可以改变颜色、尺寸、声音、材质等产品特质？
改变用途（Put to other uses）	该概念如何应用于其他用途？是否可以用于其他场合或行业？不同情境下该产品行为方式是否改变？该产品是否可以回收用于其他用途？
去除（Eliminate）	概念中哪些方面可以去除？现有概念是否可以简化？可以省略创意中的哪些特征、部件或规范？
反向（Reverse）	如果是完全相反的概念会如何？如果产品使用顺序被改变呢？是否可以生产一个完全相反的设计？

（2）适用场景

奔驰法特别适用于思维发散阶段。使用奔驰法生产创意时，可以暂时忽略设计的可用性和相关性，在初步想法产生之后，再运用上述七种思维启发方式进行思维发散，从而得到一些出人意料的创意。在头脑风暴结束后，还可以进一步使用奔驰法拓宽思路。

（3）使用方法

使用者可以使用上述七种思维启发方式，针对现有的产品创意和概念进行提问和思考。使用该方法得出更多的灵感或概念之后，可对现有创意进行分类和挑选，并对最具有前景的概念进行优化。

2. 思维导图

（1）概述

思维导图是一种非线性视觉思维工具，它主要展示在同一主题下思维与创意之间的联系，能够形象地表达参与者头脑中的信息。此外，思维导图也是一种辅助记忆的设计工具，除了可以用来启发创意，也可以用来进行思维梳理，从而加深对问题的认识和理解。思维导图可以用于设计流程中的多个阶段，但多用于思维发散阶段。

（2）作用

思维导图在整理、分析某个问题的复杂关系时发挥作用。通过思维导图，设计师将某一主题的相关概念与想法进行视觉化呈现，从而使该主题的问题结构条理清晰，能直观地呈现某个设计主题。这对于定义该设计主题的主次因素十分有效。

（3）呈现形式

思维导图常围绕某一中心主题进行思维发散，

因此多以树形形式呈现。其主要枝干可以是不同的解决方案，且每个主要枝干皆有分支，用来描述该方案的优势与劣势。绘制思维导图时，使用者需要将脑海中所想的内容全部记录在思维导图中。若有小组讨论，将小组内每个人独立完成的思维导图集中起来讨论分析，将会更加有效。

（4）操作步骤

①在空白纸张中央写下主题名称，并为其创造一个轮廓。

②绘制一些从主题中心向外扩展的线条，在脑海中发散该主题的多个方面，并将其写在这些线条上。

③根据自己的思维发散情况，在主线上增加相应的分支。

④使用一些特殊的视觉元素进行标记，例如使用不同的颜色区分不同的思维主干，用线条连接相近或相关的想法，在想要深入的想法处使用图案进行标记等。

⑤观察和分析绘制好的思维导图，并试着排列各个想法间的相关性，进而提出解决方案。

⑥根据需要，绘制新的思维导图。（图2-1）

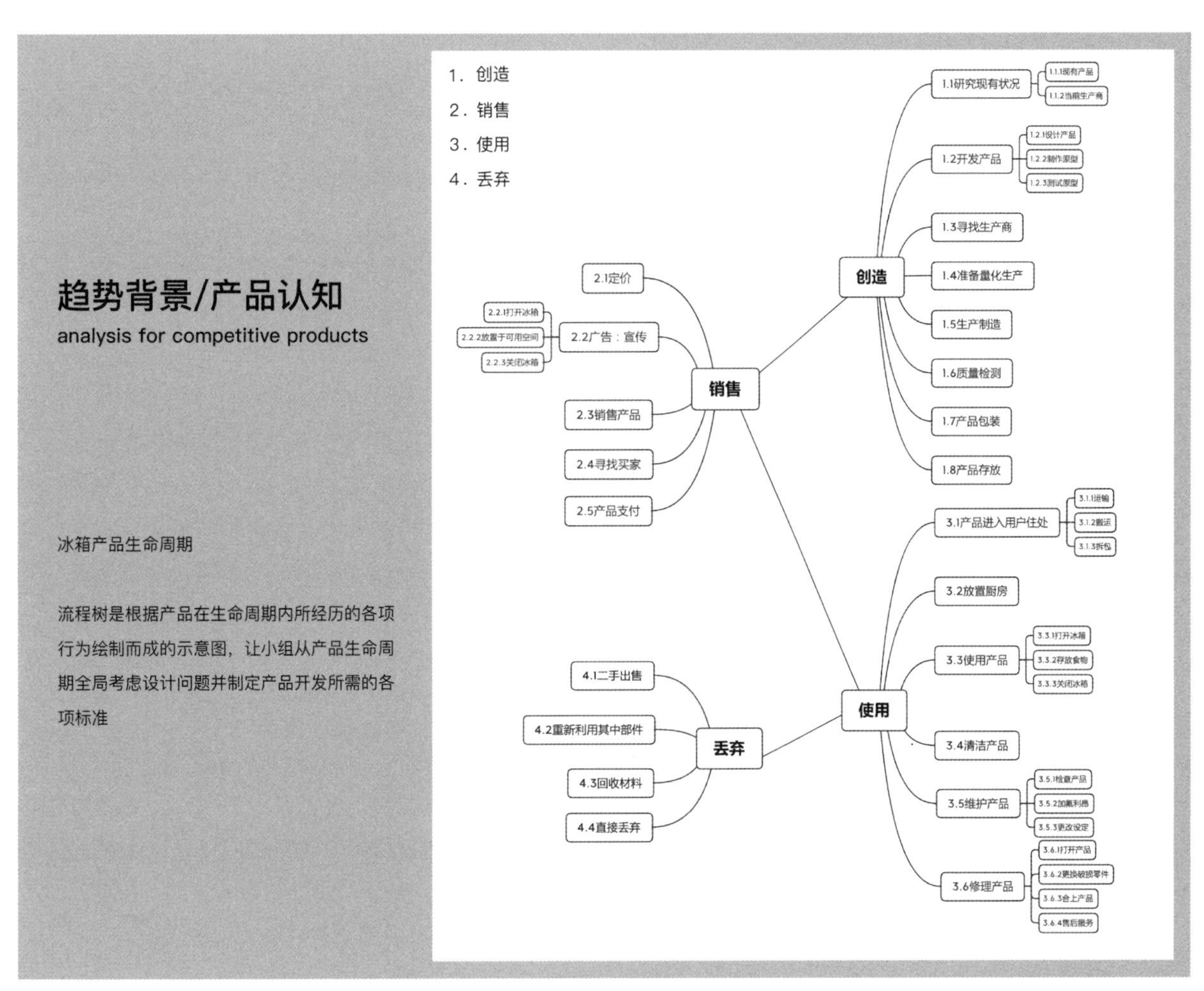

图2-1　思维导图（学生作业）

图2-1是设计者在进行冰箱产品相关设计的前期，对冰箱产品在生命周期内会经历的各项行为绘制的思维导图。该思维导图便于设计者在后期设计过程中更好地从全局考虑产品开发各个阶段应注意的细节问题。

3. 头脑风暴法

（1）概述

头脑风暴法是一种可以激发使用者产生创意的思维发散方法，它以一种形象的方式解读所获取的信息，对问题进行探究，最终创造新的知识。一次头脑风暴的最佳参与人数为4～15人。

（2）适用场景

头脑风暴法适用于设计过程中的每个阶段，尤其在设计问题和要求确立之后使用最为有效。在使用过程中，同样可以暂时忽略其可用性和相关性来进行思维发散，以全面地生产创意。

（3）呈现形式

根据可视化框架的不同，头脑风暴法分为头脑风暴图、树形图和流程图三种形式。它们的绘制方法具有差异。

①头脑风暴图：可以首先确定中心，然后向外扩展；也可以先确定所有的组成部分，再精确提炼，最后确定中心主题。

②树形图：通过从上而下或从下而上的构建方式来表达层次关系、分类系统或主要论点与论据之间的关系。

③流程图：流程图通常有起点和终点，有明确的时间安排，但也可以调整为封闭的系统形式。通过流程图，可以记录一系列事件中不同行为体的行为和步骤。

（4）使用原则

①延迟评判：每位参与头脑风暴的成员在初始时应尽量忽略想法的实用性、重要性、可行性等因素，尽可能不对想法提出异议或批评。

②随心所欲：每位参与者都可以提出想法，想法内容不限，越广泛越好。

③“1+1=3”：参与者应尽可能对其他人提出的想法进行补充和改进。

④追求数量：参与者应尽可能在短时间内提出大量想法，以数量成就质量。

（5）操作步骤

①定义问题：挑选参与人员后，制定活动计划，包括时间规划和需要用到的方法，同时拟写一份以“如何”为开头的问题清单。

②发散思维：在所有问题中，参与者选出最具前景或最有意思的想法，并将这些想法进行归类。

③书面头脑风暴（6×3×5法）：6名参与者，每人在5分钟内写出3个想法并传递给身边的参与者，直到自己写下的最初想法被传递回来。这样，在25分钟内就产生了90（6×3×5）个想法。

④绘图头脑风暴：每位参与者都在自己的纸张上画出一个相关概念，每过3分钟就依次将自己手中的纸向下一位参与者传递。每位参与者都在上一位参与者的概念基础上进行创造或者改进，可重复多次，最终得到与参与者数目相同的且画满概念的纸张。每张上面都是所有参与者的创意集合。（图2-2）

⑤评估归类：在一个清单里列出所有创意，并对这些创意进行评估归类。

⑥聚合思维：选出最令人满意的创意组合，然后进入下一个设计环节。

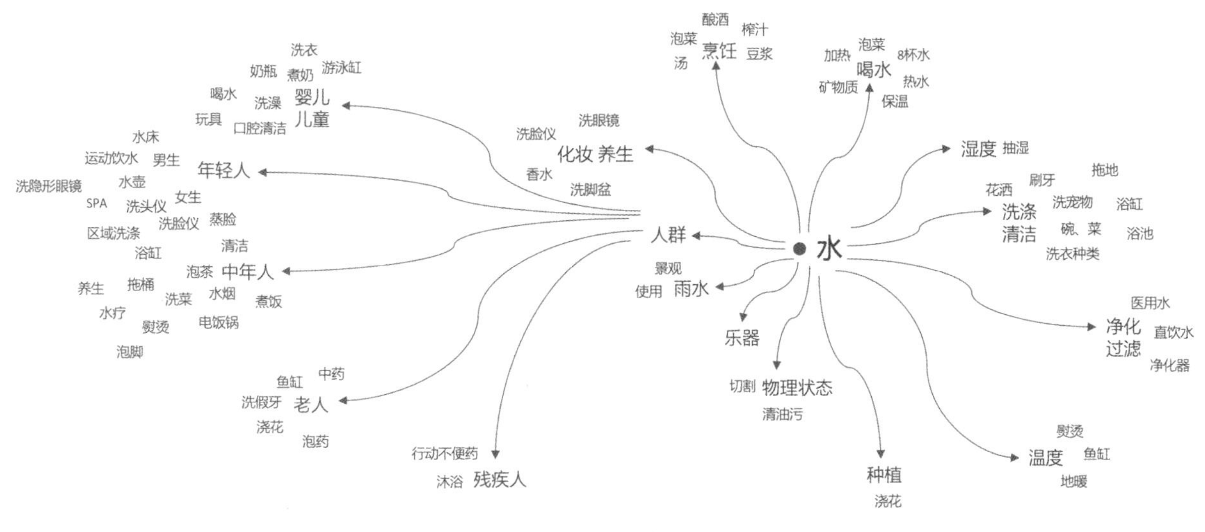

图2-2　头脑风暴图（学生作业）

图2-2是围绕用水问题展开头脑风暴而产出的思维导图。设计者们为了寻找设计的切入点，从多方面进行思维发散，得到了无数关键词，譬如水的用途（烹饪、饮用、洗涤、清洁等）、使用人群及该人群的特殊需求（年轻人的洗护需求、儿童或婴儿的饮食需求等）、水本身的状态（温度、物理状态等）。

4. 双关联想法（以概念形成矩阵为例）

（1）概述

概念形成矩阵是根据研究所得到的洞察而形成的综合、全面的概念集合。通过研究和分析输出的两个因素集合或框架，生成相关概念（或目标概念），以达到开拓思维模式、拓展全局视野的目的。

概念矩阵对得出的两个要素集合进行分析，进而创建二维矩阵，以便在其交叉部分探索概念。这一方法的关键在于要素集合的选取，被选用的两个要素应当全面且相互补充，以使其交叉部分与项目目标相吻合。通常，研究中发现的一系列活动或需求是一个重要的要素集合。第二个要素集合可以通过其他方法得到。

（2）作用

这一方法可以促进概念的发散，使新概念的形成更加清晰、简明。同时有助于设计参与者之间的协作关系。

（3）操作步骤

①选取两个要素集合，建立矩阵。

在“构建洞察”模式中，得到的洞察与框架需要引起参与者的重视。参与者需要集体讨论，思考如何应用有价值的创意，并选择其中两个要素集合构建矩阵交叉部分。这两个要素集合应相互补充，以创建有利于概念探索的基本框架。比如在研究中，研究者常使用用户类型和用户体验图这两个要素集合构成组合，并将这两个集合分别作为首行标题和首列标题来创建表格。

②在矩阵中填入概念。

在这一步骤中，需要参与者围绕两组要素的交叉部分开展自由讨论。也许最终概念的数量有所不同，但在讨论过程中不能遗漏。之后，可以为每个概念起一个引人注目并容易记忆的名称，同时给出简短说明；也可以为每个概念创建示意图。如果概念的视觉化表现对概念的说明有补充作用，将有利于交流和共享。

③利用该方法，进一步探索概念。

使用概念矩阵得出结果之后，可以进行下一步的自由讨论，或者对概念进行比较或初级集体评估。利用其他研究得出要素集合后，可以建立更多矩阵，从而进一步探索出更多概念。

5. 类比隐喻法

（1）概述

类比隐喻法包括类比和隐喻两个方面。在实际解决问题时，这两个方面互相渗透、互相影响，通常同时发生。其中，类比有助于从崭新的角度解决问题。类比有四种类型。

①直接类比：将概念与现实世界中已经存在的某个事物进行比较。例如“电话”就是在人的“耳

朵”结构中受到启发而发明的。

②虚幻类比：将概念与现实世界中不存在的某个事物进行比较和联系。例如在解决“有线电话不方便使用者来回走动”这一问题时，如果想出“如果使用者能随身携带电话就好了”，便可能会在此基础上发明出手机。

③象征性类比：把概念的某个方面或品质与别的事物的某个方面或品质进行比较。例如项目与交响乐相似。

④亲身类比：创新者对概念进行拟人化，将其想象成自己。例如“如果我是……，我会是什么样子？”

隐喻即把概念当作身边熟悉的其他事物加以思考分析，并利用新的方式产生概念。隐喻并不是指字面意义上的隐喻，而是指“把手机比作钱包”“把平板电脑比作便签本”这一类暗示性的比较。

类比是一种更为直接的比较。概念可以被看成是在某些方面与另外某个物品类似的想法，例如把个人预算看成减肥管理。进行类比时，推理过程必须易于理解，类比关系要显而易见。而隐喻则要求一定程度的诠释，通过该方法形成的概念，最终将彻底推翻传统的思维模式。

（2）作用

使用隐喻类比法构建概念，可以更好地进行思维发散，有助于激发创造力。在所有的思维发散过程中，都可以运用本方法作为探索概念的起点。在自由讨论时使用该方法，还有助于团队成员思维高度集中、保持活力。

（3）操作步骤

①确定使用隐喻和类比的起点。

进行“价值假设”，给潜在“新产品”下初步定义。在“构建洞察”模式中生成的设计原则也可以作为起点。

②识别有意义的隐喻和类比。

参与者应根据设计原则（或提供创新机会的其他成果），利用类比或隐喻，使用能激发兴趣、令人振奋、意想不到的方式对想法进行构思。参与者应考虑希望创造的价值，寻找能揭开类似价值产生原理的例子。参与者可通过“……发挥作用的方式就像……”“……看上去像……”“……的作用原理就好像……”等简单有效的表述进行比较。例如，可尝试回答以下问题：便携电脑设备是否可以实现私人秘书的功能？汽车出租服务的作用原理是否可能与自行车出租系统相似？

③形成概念。

针对上一个步骤形成的各个隐喻和类比，围绕其引发的潜在创新机会形成概念。这些概念应以“怎么……”或“如果……，那么……”等模式形成。通过进一步考虑在研究中所得出的洞察，还应对这些初始概念加以补充、完善。

④记录、讨论并完善概念。

记录生成的所有概念，并添加说明。同时与团队共享、讨论和评估，以进一步完善这些概念。

三、思维归纳的方法与工具

1. 亲和图

（1）概述

亲和图又称KJ法，为日本理学家、著名文化人类学家川喜田二郎在1964年所创，是指把收集到的大量事实、意见或构思等语言材料写在便签纸上，然后按照其亲和性（即有亲近感、所表述内容相似）归纳整理，捕捉研究中得出的简介、问题或要求，使问题明确起来，最终求得统一认识和工作协调，从而解决问题的一种方法。（图2-3）

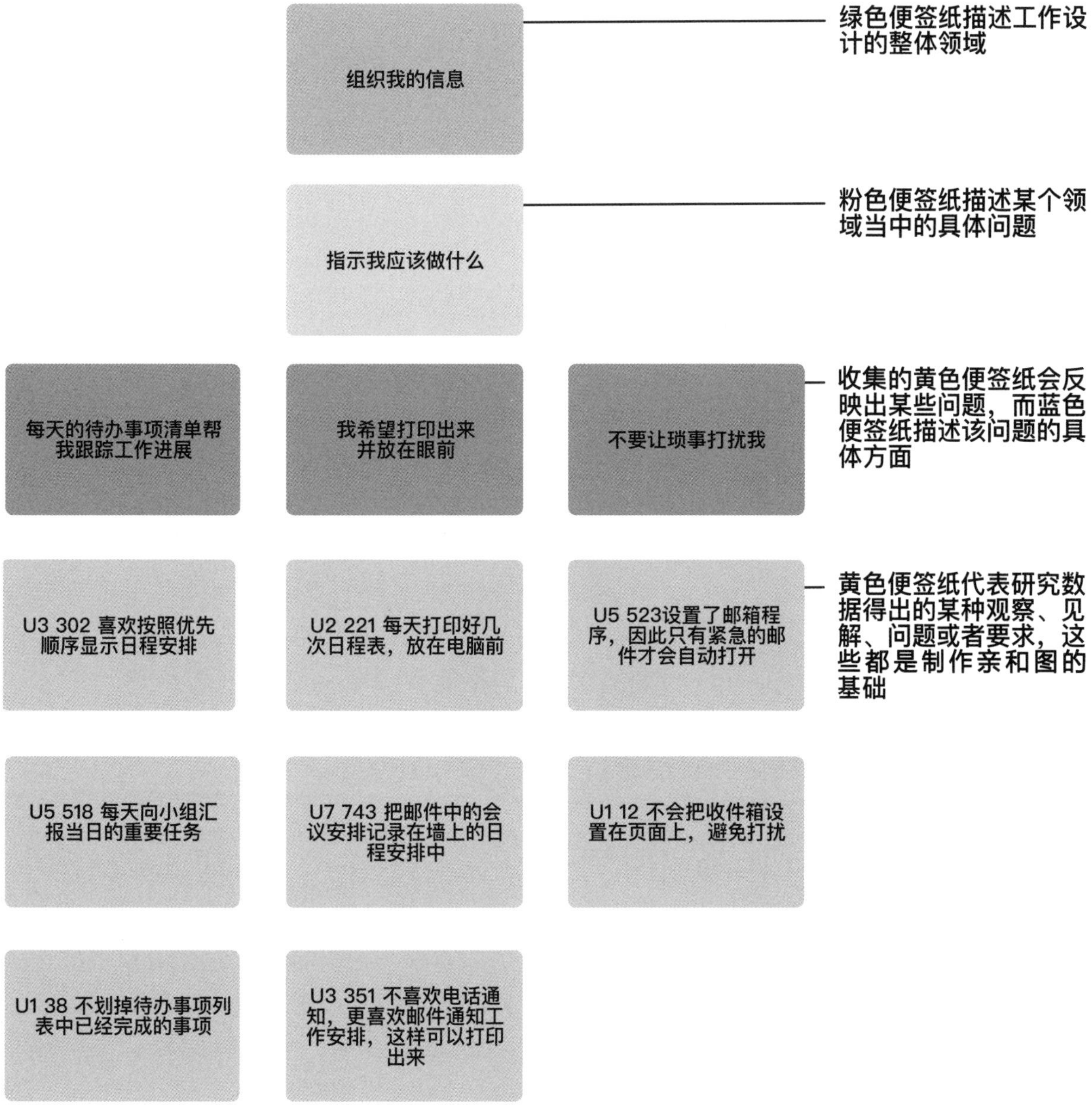

组织我的信息

绿色便签纸描述工作设计的整体领域

指示我应该做什么

粉色便签纸描述某个领域当中的具体问题

每天的待办事项清单帮我跟踪工作进展

我希望打印出来并放在眼前

不要让琐事打扰我

收集的黄色便签纸会反映出某些问题，而蓝色便签纸描述该问题的具体方面

U3 302 喜欢按照优先顺序显示日程安排

U2 221 每天打印好几次日程表，放在电脑前

U5 523设置了邮箱程序，因此只有紧急的邮件才会自动打开

黄色便签纸代表研究数据得出的某种观察、见解、问题或者要求，这些都是制作亲和图的基础

U5 518 每天向小组汇报当日的重要任务

U7 743 把邮件中的会议安排记录在墙上的日程安排中

U1 12 不会把收件箱设置在页面上，避免打扰

U1 38 不划掉待办事项列表中已经完成的事项

U3 351 不喜欢电话通知，更喜欢邮件通知工作安排，这样可以打印出来

图2-3　亲和图

（2）作用

在设计过程中，研究数据可能存储在人们头脑中的隐性知识里，也可能被淹没在访谈笔记中，因此设计小组很难综合分析观察结果。亲和图能帮助使用者从混淆的状态中采集语言资料，并将其整合，使不同见解的人统一思想，从而减少争论内耗，提高效率，产生新思想；也能帮助使用者看清问题本质，明确认识；还有利于在团体活动中收集到每个人的意见和看法，从而提高全员的参与意识。

（3）适用场景

亲和图适用于不易解决且需要花时间慢慢解决的问题，不适用于简单的以及要求速战速决的问题。

（4）操作步骤

亲和图是一种归纳性行为，即这项工作不是根据预定义的类别分组记录，而是从下往上分组记录：首先收集具体、微小的细节，将其分成几组，然后总结出普遍的、重要的主题。完成之后，亲和图不仅仅只是一种工具、一个方法，更是顾客和设计合作伙伴的参考意见的汇总。

它的具体操作步骤如下：

①明确目的及语言数据的来源。

②记录收集到的语言数据。

③将各语言数据抄写至卡片或者便签纸上，确认描述的准确性和简洁性，并删除相同内容的卡片。

④依照各语言数据的亲和性将卡片分组放置。

⑤将各组卡片所表达的关键词以简洁的文字表述出来，完成“亲和卡”。

⑥如各“亲和卡”间有亲和性，则可重复步骤⑤中的操作。最后将各个“亲和卡”里的内容汇总到一个主题卡中，并将主题卡放在最上面。（图2-4）

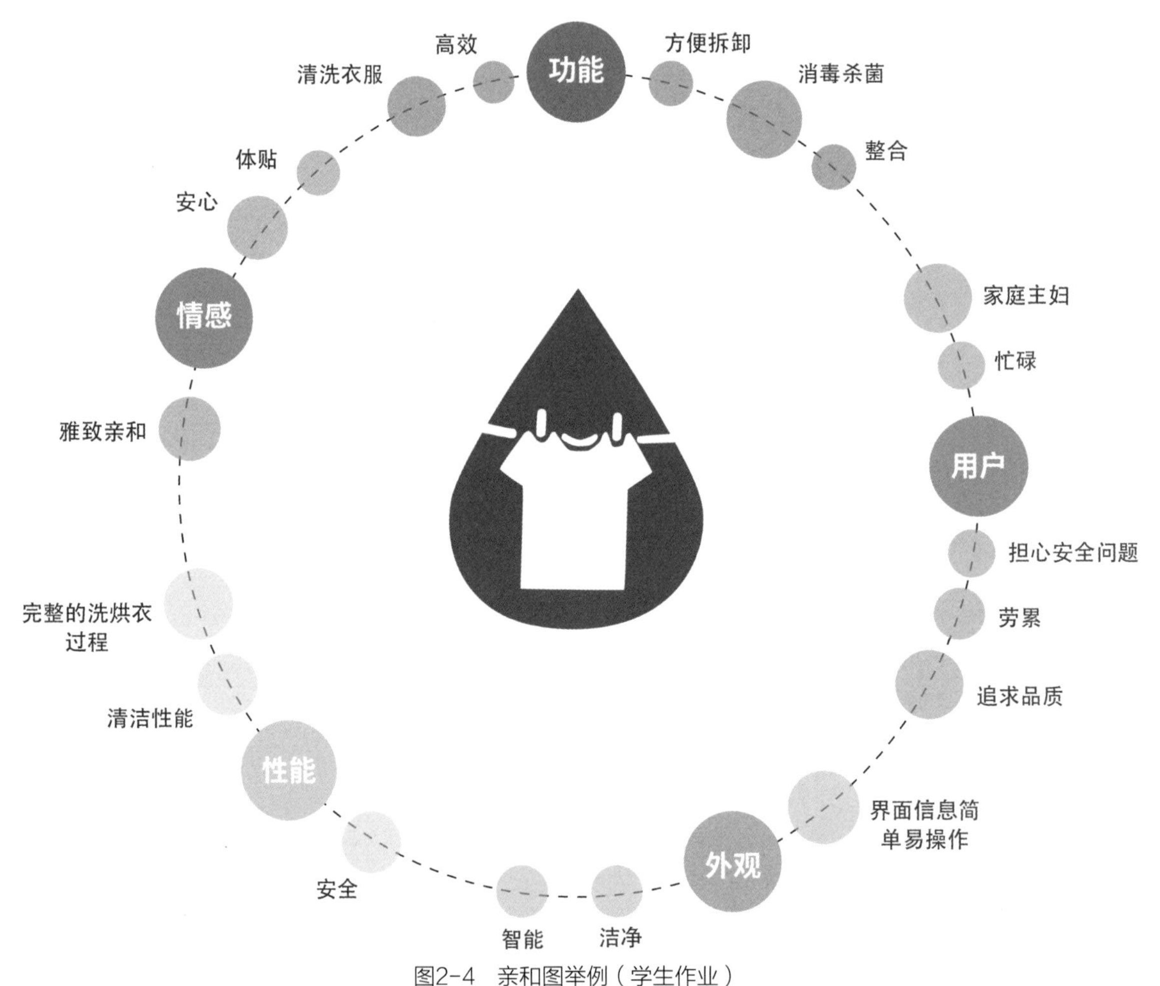

图2-4 亲和图举例（学生作业）

图2-4所示的案例中，设计团队针对洗衣过程进行调研后，将收集到的数据进行了分类，最终汇聚出了产品功能、用户特征、外观信息、产品性能和情感体验等几个大的类别。

2. 用户旅程体验图

（1）概述

用户旅程体验图是将一个人完成某个特定的产品或者业务上的某个目标而需要经历的过程可视化出来的产出物。它描述了一段时间内，用户使用多渠道产品或服务时的行为、感受、看法和心理活动（包括正面、负面和中性的时刻），是从用户的视角描述用户标志性的体验。为了达到理想的效果，用户旅程体验图通常与角色分析和情境记录一起进行，或紧随这两种方法之后创建。

用户旅程体验图有两个特征，一是将用户的体验流程通过故事的形式描述出来，二是将相关信息用视觉化的方式呈现出来。这两个特征让用户体验历程图能够帮助设计人员更加高效、简洁地传递信息，同时也让信息便于团队共享和记忆。

（2）作用

用户旅程体验图可以查明造成用户痛苦或喜悦的特定的用户旅程接触点，进而引出机会点。

设计人员运用用户旅程体验图记录人们经历的一系列事件、互动过程，并将组织机构的重点从以系统为中心的操作目的转向为现实生活中使用产品和服务的场景。该方法可以帮助设计小组确定用户在什么时候会对产品产生强烈的情绪反应，在哪些环节需要改进或重新设计。

用户旅程体验图研究哪些互动能达到最佳效果、哪些互动是微不足道的、哪些互动是完全失败的，这能够帮助设计小组共同探索，有效地改进实际使用情景中的现有用户行为。

（3）操作步骤

用户旅程体验图往往由用户角色和用户旅程组成。在使用时，首先需要确定用户角色并收集一系列用户目标及用户行为，其次需要按照时间线绘制用户的实际体验、相关接触点、用户期望等，最终形成一张可视化图。

它的具体操作步骤如下：

①选定视角，即选择用户旅程体验图从“谁”的角度出发。

②为用户旅程体验图设定场景和目标。这个场景应该是具体的，但也可以是现实中已经存在的，抑或是未来可能出现的场景。同时，还应明确被选定的角色的用户目标。

③描述行为、想法和感受，对用户的行为、思想、感受进行定性研究。

④展现接触点和渠道。（图2-5）

3. C-box

（1）概述

C-box是一种归纳评估大量设计概念的2×2矩阵图。C-box确定两个代表标准的坐标轴，并根据该标准对设计概念进行评估。在该方法中，通常使用“创新性”（对用户而言）和“可行性”作为标准。C-box基于这些轴具有四个象限，可将所有被评估的设计概念按“创新性”和“可行性”的高低程度排布在一个坐标系中。通过这四个象限，可以全面展示所有的创意。

这种方法可以看作是早期思考的一个集群活动，当然，标准是由个人决定的，也就是说，各个研究团队可以根据自己的需求更改轴的定义，比如将“装饰性”和“功能性”设置成坐标轴。

Journey map
用户旅程

用户需求　放松肩颈、放松腰椎、简单活动、时间灵活、相对优雅、缓解疲劳、转换思路、相对私密

用户定位　针对都市工作的久坐、容易出现肩颈腰椎不适的中青年

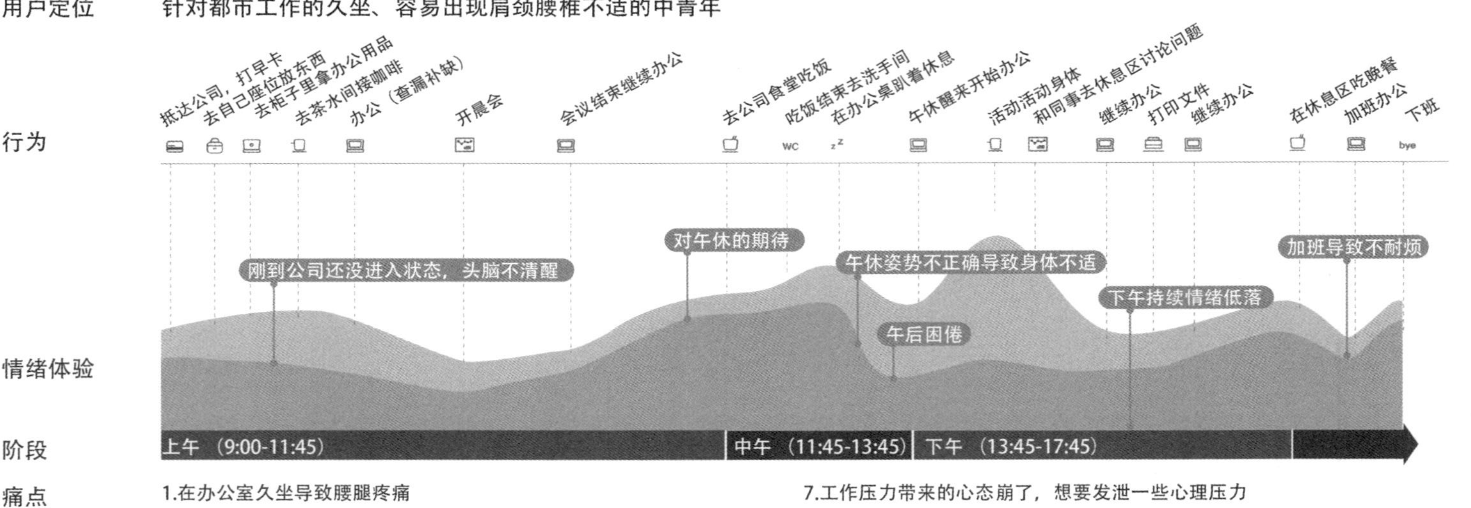

痛点

1.在办公室久坐导致腰腿疼痛
2.不正确的坐姿、弯腰驼背使得腰椎酸痛
3.办公室用的腰椎按摩仪基本是坐姿使用，需要用力靠住才能发挥作用
4.久坐起立、向后弯腰如果没有支撑，容易眩晕
5.在办公室伏案工作太久导致肩颈疼痛
6.休息时经常低头玩手机，无法很好地放松肩颈
7.工作压力带来的心态崩了，想要发泄一些心理压力
8.工作期间玩手机放松被领导看到影响不好
9.使用按摩类的产品无法自己掌控力度，容易放松不到位或用力过猛导致受伤
10.长时间注视电脑或文案导致用眼疲劳
11.办公室整体氛围紧张忙碌，在工作遇到瓶颈时无法很好地放松大脑
12.工作压力大，大脑疲劳效率低下

机会点

1.通过研究人体拉伸放松形态设计产品造型，结合仙人掌形态，用户可以利用产品借力进行静力拉伸，活动放松肩颈、腰椎等部位
2.引导用户离开工位进行放送活动，缓解久坐带来的不适感
3.产品使用时间短，虽然离开工位，但是不会长时间占用工作时间
4.营造办公室放松舒缓的专属区域，打造轻松舒适的感受
5.从产品色彩上放松眼部疲劳

图2-5　用户旅程体验图（学生作业）

图2-5所示案例是设计团队根据对办公空间用户行为进行调研后整理的用户旅程体验图，记录了用户从抵达办公室到离开全过程的关键行为和情绪体验，并进行了相关痛点和机会点的分析。

（2）适用场景及作用

C-box常用于概念创意的早期阶段，尤其在头脑风暴研讨会中使用。当获得了大量甚至过多的创意（40个以上）时，C-box图表的制作可以给开发团队带来展开所有概念创意讨论的机会，从而加强团队对解决方案的理解。同时也能使所有组员就设计流程的主要方向达成共识，如挑选出最具有开发前景的创意进行深入设计，摒弃那些最没创意且不可行的设计，从而方便后续工作的顺利开展。

（3）操作步骤

使用C-box时，首先确定创意（40~60个），然后设定横纵坐标轴、确定评估的两个标准。之后将所有的创意想法标注在所对应的坐标位置上，并进行分类。基本上所有的概念、创意将会在坐标系的四个象限中被区分开来。（图2-6）

它的具体操作步骤如下：

①在一张大纸上绘制一个坐标系，形成一个2×2的矩阵。

②确定X轴与Y轴的内容。以创新性与可行性举例：X轴代表创新性，下端代表创新性不高的创意，上端代表令人耳目一新的创意；Y轴代表可行性，左端代表可以立即实现的创意，右端代表不可行的创意。

③将所有创意写在或者画在纸上，可以先在便利贴或者A5大小的纸上进行，然后再将便利贴或者A5纸贴上。

④所有组员参与到创意的讨论中，对照坐标轴所示的参数，将所有创意粘贴到C-box的对应位置上。

⑤选定一个最符合设计要求的象限。

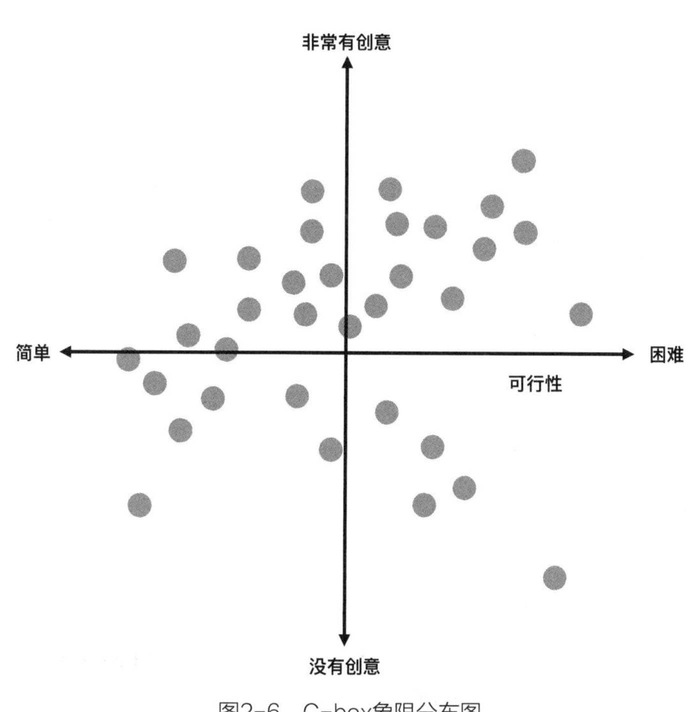

图2-6　C-box象限分布图

第二节　设计研究数据收集方法与工具

伴随交互设计、服务设计等新兴设计领域的发展，设计研究的方法得到进一步充实。作为一种手段，用户研究在满足消费者个性化需求，建立产品认知、情感反馈和品牌忠诚度等方面起着重要的作用。本节将从不同的收集途径着手，分类讲解设计研究中的数据收集方法与工具。

一、以“访谈”为途径的数据收集方法与工具

1. 概述

用户研究贯穿产品的整个生命周期，是现代设计的重要组成部分。在各式各样的用户研究方法中，用户访谈作为一种能够深入用户内心的心理学

基本研究方法被广泛应用。在访谈的过程中，研究人员向用户询问一些感兴趣的主题（例如系统的使用、行为和习惯）的问题，目的是更多地了解该主题。在设计实践中，很少有设计环节会缺失访谈，几乎所有的设计师和设计团队都会选择使用这一方法。

2. 作用

通过访谈，设计师可以深入了解用户对产品及使用过程的看法，可以指出哪些内容给用户的印象比较深刻、哪些内容用户认为比较重要，以及用户有哪些改进想法。访谈能够帮助设计师打开看待问题的新视角，从而发现用户的深层需求，进而优化现有方案或为产品再设计提供指导。

3. 操作流程

加拿大Portigal咨询公司的创始人史蒂夫·波尔蒂加尔（Steve Portigal）在《洞察人心：用户访谈成功的秘密》中对访谈进行了全面、深入的研究。下面将在其基础上梳理出一个完整的访谈流程：前期准备—进行—后续分析，其中包括一些策略和操作原则。

①厘清研究目标任务，明确本次调研对象的类型，规划路径，设立目标优先级。

②通过招聘、在企业现有的顾客名单中挑选、社交关系等途径寻找和招募带有关键特征的受访者。招募的标准可依据用户行为来制定。比起态度，依据用户行为来制定标准更为准确。

③创建调研指南（也称调研计划），以用来记录在访谈中可能发生的细节，包含活动、任务、流程以及其他内容。这份周密的指南有助于整个团队密切合作，也有助于访谈者在现场灵活应对各种突发情况。

④合理安排日程，控制工作时间。在两次访谈之间留出足够的时间反思、吃饭、出行等，不要让大脑在一天之内超载运转。

⑤签订受访者许可和保密协议。这既是对组织方权利的保护，也是对受访者权利的保护。

⑥积极向受访者表达感谢，可通过支付酬金或赠送礼物来表达对他们花费时间来参加访谈的由衷感谢。

4. 记录方式

对用户进行访谈时，应尽可能记录访谈的一切，并归档整理。录音、录像能够记录所有细节，是记录访谈的重要途径。访谈时应尽可能安静地记录，并尽力保持与受访者的眼神接触。访谈中的提问应采用客观的描述性语言，避免采用解释性语言，以免在事后回看时造成歧义与干扰。录像过程中还可以多拍摄照片，因为它们常常会揭示不同的信息。

访谈前还应为所有设备备好电池，保证设备在访谈结束前都有充足的电量。访谈结束后，要向参与现场访问的其他团队成员汇报要点。稍后，要在工作组分享及时整理出的现场记录。

5. 使用技巧

多数初入课堂的学生都会将用户访谈等同于日常生活中轻松、简单的聊天，但实际上，用户访谈有着系统且明确的目的和计划。优秀的用户访谈讲究技巧，是一项需要专门训练的专业技能。使用用户访谈的具体技巧如下：

①访谈中除了提问，还可以通过观察用户展示的某种行为了解用户。

②可以借助工具来展示为抽象的概念。在描述概念时，可通过故事版、实体模型、线框图进行辅助展示。

③为了推进一场更深入的讨论，可以使用卡片作为刺激因素来引导话题。使用卡片时，可以对它们进行分类、分组，并添加注释等。

④在访谈前，可给受访者布置作业，例如拍几张照片、保存一些物品、完成一份问卷或者记录一系列活动。这样既为研究人员提供一些数据参考，也能让受访者提前做好准备。

⑤管理好发问的逻辑，以使问题自然地展开。可以从一个普通、简单的问题开始，循序渐进。有时，设置开放式的问题更容易得到全面、丰富的答案。

⑥不要急于纠正受访者的错误，保持鼓励的态度耐心倾听。如果必须纠正他，则应在访谈结束后。

⑦时刻保持记录，不要松懈。通常，随着谈话接近尾声，人们会突然吐露真情。（图2-7）

用户访谈

＊请描述三个使用冰箱时的场景。

烧饭的时候用的比较多，早餐和晚餐做的比较多，中午在外面吃。周末可能会做午饭。另外就是拿水果，拿饮品什么的。

＊对购物中的囤货囤物行为有何看法？支持吗？

支持呀，只不过我买的也不是特别多。冰箱里有很多芒果梨，是妈妈从老家寄过来的。

＊对断舍离的极简生活有何看法？

还是有向往的，很多东西的确长时间都不用，最后还是得扔掉，而且我觉得极简生活挺环保的。

＊如何评价自己的购物行为，觉得自己是偏理性购物，还是偏感性购物？

偏理性的，节约的。不过有时候，碰到打折的时候会有点冲动。

＊有什么业余爱好？

做烘培，会烤蛋糕，做冰淇凌，蒸馒头这些我都做的，比较过日子的人。也会做酸奶，酸奶很好做的，夏天的时候，做雪糕冰淇淋，雪糕做的不好，冰淇淋因为用很多奶油，所以做出来口感比较好。另外就是喜欢去公园里散步，看美剧，看韩剧。

＊请大致描述一下在家时的理想生活状态。

首先就是尽量自己烧饭，因为比较健康，包括面包蛋糕，我的理想都是自己做，但是有的时候很累就不高兴做，有的时候做的还是没有卖的好吃。然后就是家里面要整洁干净，不过我家有狗，会比较脏一点。还有就是有空的时候能看看书，看看美剧，看看韩剧。还有要经常到公园里去，希望休闲的时间更多一点。

＊你认为你与非教师类青年知识分子的生活习性差别大吗？这个身份对储物习惯有影响吗？

差别也不是特别大，不过我作为大学老师，时间比较多，我也不怎么搞科研，会更有时间做做烘焙呀。另外购物会比较自由，经常在大家上班的时间，和同事就去购物了，比他们应该更休闲吧。收拾东西的话，差不多吧，看每个人的审美吧。

＊对自己家的冰箱满意吗？有什么优缺点？使用期间有没有坏过？

满意的，质量还可以吧，毕竟用了十几年了。不满意的，冰箱会有霜，有水流出来。冷藏的空间抽屉比较少，很多空间是浪费的，不能合理利用。如果有抽屉的话，放起来能更紧凑。收纳很重要。

物品列举：

调料、白菜、冻芸豆、很多芒果梨、桔子、柠檬、鸡蛋、零食、速冻食品、肉、润喉糖

特点：

1. 放置较随意，虽然有一定的规律，但不算条理清晰。
2. 没有对食品保存的最佳方式做过了解，是凭经验凭直觉在摆放。
3. 总体食品种类和数量较多。
4. 冰箱上面放置了与烘培有关的工具。
5. 冰箱周围放置了很多物品，菜单独在旁边的架子上。

发现：

1. 更好的收纳体验需求。
2. 物品保鲜的科学方式需要被了解。
3. 容量与使用状况的匹配度需要被重新定义。
4. 冰箱融入厨房环境，成为置物工具的一种。
5. 储物多模块，冰箱周围常放置物品的收纳设计。

入户调研

姓名：曹老师
专业方向：发酵工程（理工）
年龄：28~34岁
性别：女
情况：已婚，与伴侣、儿女及母亲同住
伴侣：军人
儿子：2岁
入住时长：不到1年
居住面积：约105平方米
品牌：三星、小吉（MINU）
价格：6000~9000元、3000~6000元

理想中的冰箱	信息
印象：简洁、温馨、极简、科技感、干净、轻薄。	印象里有一丝畅想，喜欢简洁轻科技。
颜色偏好：白色、清灰、淡粉、浅蓝。	颜色偏好素雅，与现有冰箱相符。
打开方式：侧拉门、滑动。	对打开方式有别的预期。
功能性要求：节省空间、智能屏幕、根据户型调整大小、无霜、节电、App连接、控温、换气、智能锁、噪声小、过期提醒、安全、制热。	基本功能上有些科技上的预期，希望自己的生活更加舒适。
价格：3500~5500/5500~7500。	比自己的冰箱稍低，能够满足自己的需要。 冰箱性价比更高。
服务：收纳模块定制、上门安装服务、定期检查、容量定制。	对服务有新的期待。
购买冰箱的方式：苏宁、专卖店、官网订购。	有质量保证的渠道。
购物方式：网购、小便利店、社区超市。	渠道丰富，反映生活不单调。

用户访谈

＊请描述三个使用冰箱时的场景。

做饭会用（但是自己不做饭）。夏天吃冷饮、拿水果、敷面膜（晚上）。做蛋挞烤蛋糕，考虑自制酸奶。

＊对购物中的囤货行为有何看法？支持吗？

会屯，但是购物2~3天一次，所以囤不多自己就会扔（空间小），但是家人不会，经常被捡回来，所以就不扔了。

＊如何评价自己的购物行为，觉得自己是偏理性购物，还是偏感性购物？

人是偏理性，但是对于自己的东西就感性了，看到喜欢的就会买。

＊请大致描述一下在家时的理想生活状态。

理想状态还是自己上下班，并不想做全职。但是要有人给做饭。可以自己收拾家务打扫卫生，不会闲着。

＊对自己家的冰箱满意吗？有什么优缺点？使用期间有没有坏过？

用的不多，但是好看，虽然小但是有冷藏和冷冻，上面也可以放些花。

图2-7　用户访谈记录（学生作业）

图2-7所示案例是设计团队针对冰箱所作的用户访谈记录，其中包括受访者的基本信息、访谈的关键对话、家用物品记录以及相关期待。

二、以“观察”为途径的数据收集方法与工具

1. AEIOU

（1）概述

AEIOU是一种对活动（Activities）、环境（Environments）、互动（Interactions）、物体（Objects）和用户（Users）进行分类的组织框架，是通过引导研究人员观察、记录和编辑而得出的信息集合。

①活动（Activities）：指一系列具有目标导向的行为。例如，人们在做什么是一个结构性活动，还是非结构性活动？某人是团队的领导者，还是会议的参与者？

②环境（Environments）：指活动发生的场景。例如，当人们参加某项活动时，所处的环境是什么样的环境？它带给人们什么感觉？注意，人们所处的环境会对人们的精神状态产生重大影响。比如在球场和在咖啡厅里，人们产生的感觉是不同的。

③互动（Interactions）：指人与人或人与物之间的相互交流，它是活动的基石。例如，人与人或者与其他物体有怎样的互动？这种互动对他们来说是陌生的还是熟悉的？是正式的还是非正式的？

④物体（Objects）：是环境的基本组成部分，有时在复杂或者无意识的使用中是关键要素。例如，人们在和物体或电子设备进行互动吗？是苹果平板电脑、智能手机、曲棍球球棍，还是帆船？这些事物能带给人们投入感吗？

⑤用户（Users）：指被观察的人们。例如，活动中还有其他人吗？他们扮演了什么角色？他们为活动带来了正面影响还是负面影响？

（2）作用

当设计师需要对用户的行为进行反思时，就可以利用上述5个要素客观、详细、精准地观察记录。此外，使用AEIOU框架可以指导收集的笔记、照片、采访等，还可以设计工作表、编辑观察笔记。运用AEIOU框架指导收集观察记录后，可以对记录的观察信息进行重组归类和综合分析，从而找到活动的目的和意义。（图2-8）

2. 行为地图

（1）概述

行为地图是一种从时间和空间角度，系统地观察和研究行为的方法。它运用注释地图、平面图、视频或定时摄像等方法系统地观测人们在某些地点的活动，有助于界定不同空间行为的区域。行为地图是1970年提出并发展起来的，用于记录发生在所设计的建筑物中的行为，以帮助设计者把设计特点与行为在时间和空间上连接起来。它以两个维度进行观察：以个人为中心和以地点为中心。

以人为中心：以人群或个体为观察单位，记录某个特定人物或人群在不同时间或地点的路径和活动。主要观察个体或人群的行为、语言等，得到关于这一个体或这一人群的习性、性格特征等。

以地点为中心：以地点为观察单位，主要用于公园、医院、图书馆、博物馆等公共场所中，说明交通模式和互动的关键点，研究人们的行为路线，从而确定或改进空间设计方案及服务流程。

以地点为中心的地图重点评估某个特定空间的使用情况，而以个人为中心的地图更关注人们的活动，比如他们的社会行为和交互活动。（图2-9）

AEIOU

痛点：
1.办公室物品较多，储物空间不够，部分物品摆放较为杂乱

痛点：
2.食品储存方式不科学

痛点：
3.食品分区混乱

痛点：
4.加热电器摆放较为随意，容易发生隐患

痛点：
5.食品存放加工区有一定卫生隐患

痛点：
6.及时提醒食品隐患

用户（Users）：

授课老师（目标）：

互动（Interactions):

1.老师们可以喝咖啡、饮水、吃零食、休息。
2.老师们中午或者晚上可以使用电磁炉加热携带的食物。
3.老师可以进行办公。
4.与学生和来访者交流。

活动（Activities):

1.老师们在各自的办公桌前处理相关工作事务。
2.办公室内有休息区域，老师们可以聊天休息，接待来访者。
3.老师们在大桶水旁接水，旁边配有电热水壶，可以加热，冲泡茶叶、咖啡等饮品。
4.教师可以使用电磁炉和电饭煲加热制作饭菜。
5.冰箱内可以储存水果零食，或是带来的饭菜、调味料等。
6.办公室内配有众多储物柜，老师们可以储存大量工作文件与个人物品。
7.老师利用办公室里的哑铃或滑雪机进行简单的放松与锻炼。
8.办公室内简单看护花草植物。

物体（Objects):

1.办公室配有相应的卡或钥匙。
2.配有统一的、较为宽敞的办公桌。
3.需要使用小冰箱储藏食物。
4.用咖啡机冲泡、用饮水机接水。
5.电磁炉和电饭煲可以加热带来的饭菜食材。
6.配有众多储物柜。
7.用办公室的健身器材进行简单锻炼。

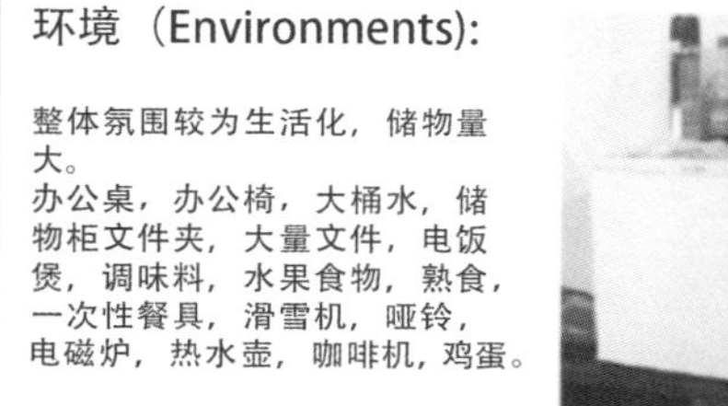

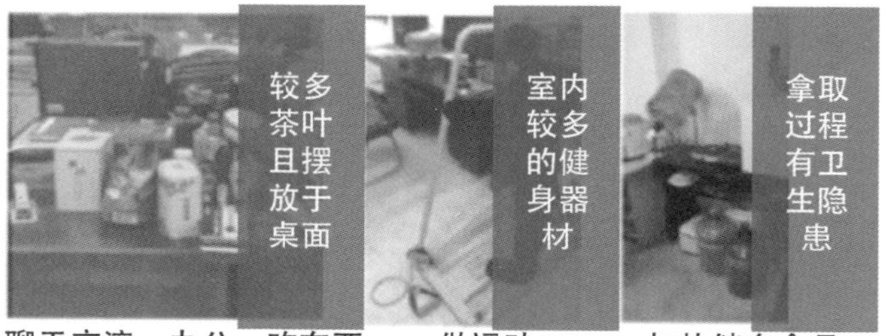

较多茶叶且摆放于桌面

室内较多的健身器材

拿取过程有卫生隐患

聊天交流、办公、吃东西　　做运动　　加热储存食品

环境（Environments):

整体氛围较为生活化，储物量大。
办公桌，办公椅，大桶水，储物柜文件夹，大量文件，电饭煲，调味料，水果食物，熟食，一次性餐具，滑雪机，哑铃，电磁炉，热水壶，咖啡机，鸡蛋。

加热电器放在一起，拥挤

图2-8　AEIOU（学生作业）

图2-8所示案例是设计团队针对教学空间的观察记录。通过对教学活动、环境、互动、物体和用户进行观察记录，分析在不同场景下的“AEIOU”五要素的特征。

行为地图-老师行为轨迹总结

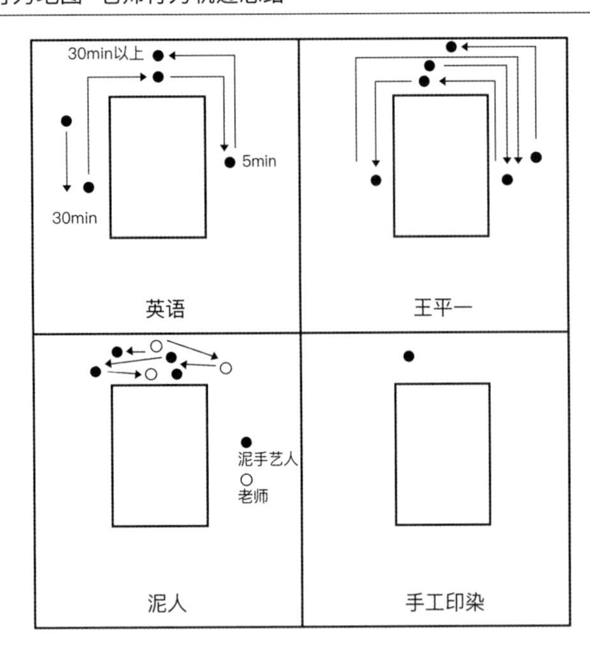

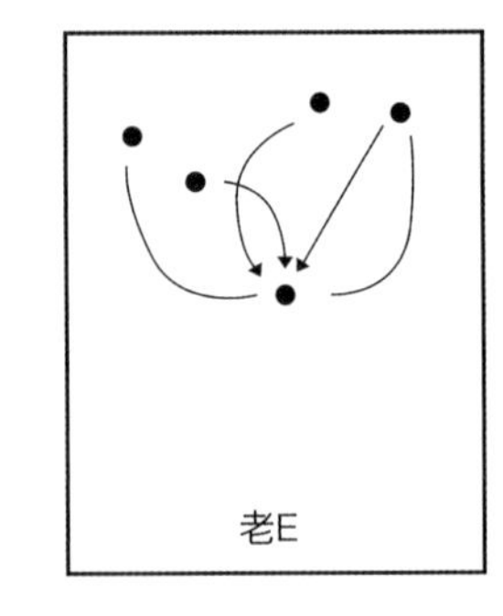

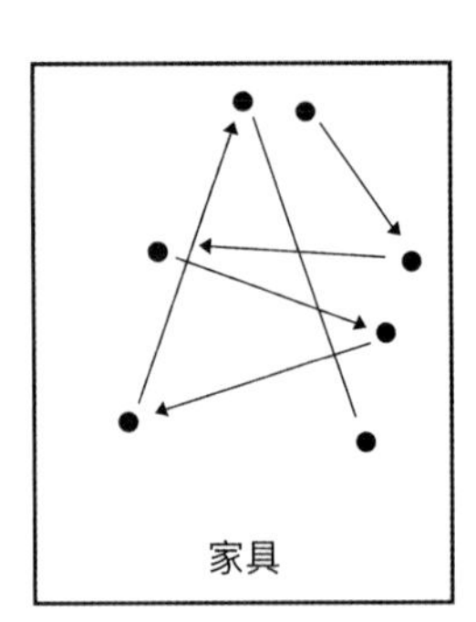

左四图为公选课，可以看出老师通常以讲台为基点左右徘徊，并且由此来提醒学生注意力集中。而个别课程老师则长时间停留在讲台上，并不对学生状态加以特殊的照顾，此类课堂则氛围相当自由。

右二图为专业课，老师行动轨迹较为自由，但老师背后的学生并不能保证足够自觉。

图2-9　行为地图（学生作业）

（2）作用

行为地图可以记录易观测的特征、运动和活动，包括被观察者大致的年龄、性别、是独处还是与他人一起、在做什么、在固定地点或者途中花费的时间以及所处环境中的各种细节。

（3）操作步骤

①研究人员首先构建建筑的平面测量图，包括基本的空间布局、建筑特色、引导标识以及任何可能会影响行为的家具。

②预先用符号、数字或缩写代表站、坐、走、说等预期行为。

③在使用过程中，要求参与者在地图上简单标注他们在某个空间的路径和行为。

④在观察过程中，观察者要灵活采用描述性笔记来记录观察行为，同时解释行为过程。

⑤观察结束后，观察者将多次在不同时间创建的地图汇总，并总结说明任务、地点、功能使用和活动的主要内容。

⑥最后，观察者结合参与者的路线行为地图、对他们的观察和与他们谈话，深入了解参与者相关行为的动机，并进行后续研究。（图2-10）

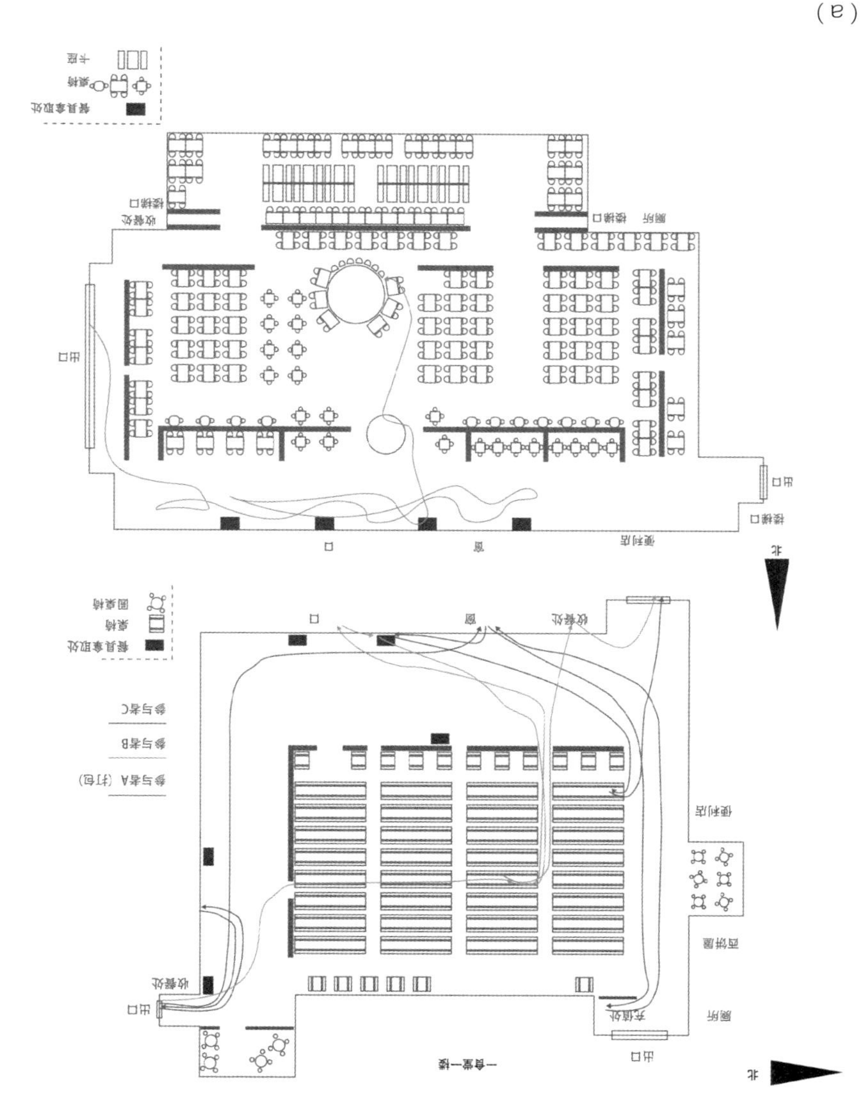
一食堂一楼
出口
收餐处
充值处
厕所
西饼屋
便利店
窗
口
楼梯口
北
参与者A（打包）
参与者B
参与者C
餐具拿取处
桌椅
圆桌椅
卡座

（a）

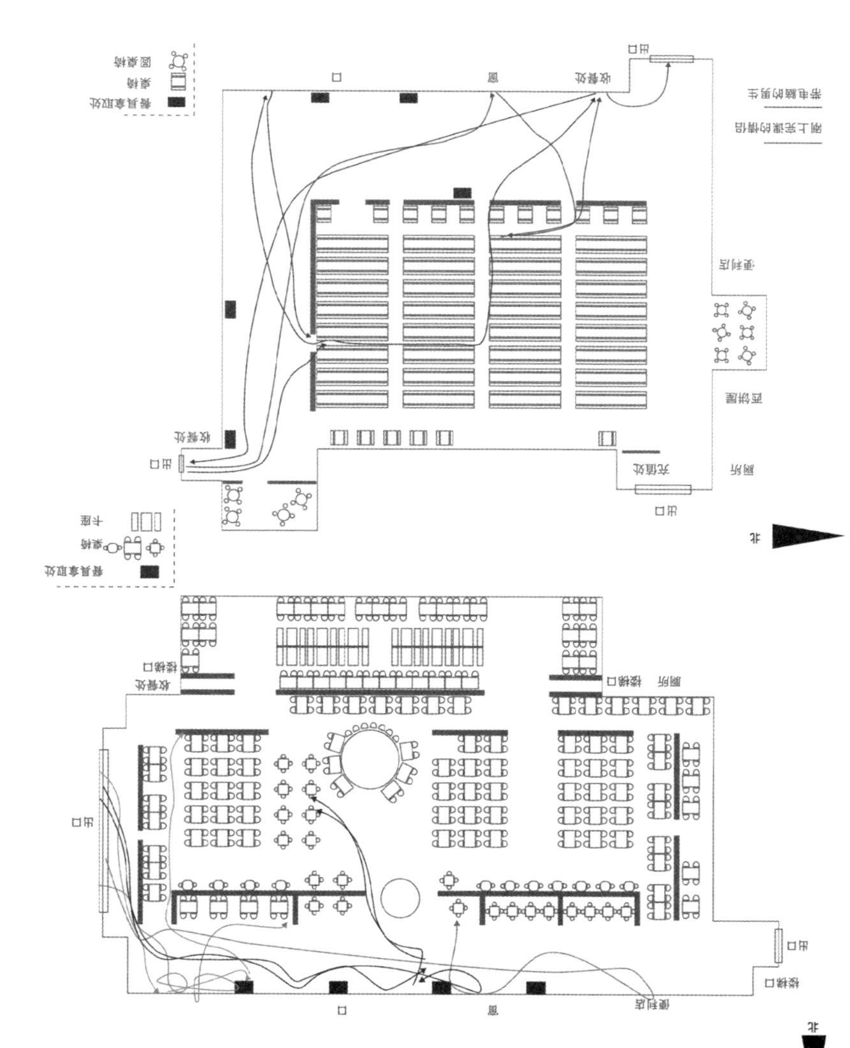
出口
收餐处
充值处
厕所
西饼屋
便利店
窗
口
楼梯口
北
刚上完课的情侣
带电脑的男生
餐具拿取处
桌椅
圆桌椅
卡座

路线 Route

- 用户行走路线容易冲突，造成拥挤。
- 行为重复路线过多，导致用餐时间变长，占据座位时间变长。
- 点餐拿餐具取餐路途往返重复。
- 重复性路线多。
- 用户来回徘徊，犹豫时间长，造成拥挤堵塞，排队时间延长且混乱。

重复往返

窗口 Window

- 打饭窗口设置太少。
- 窗口附近聚集人群多。
- 窗口雾气太重。
- 打包的人在旁边等候造成拥挤。

拥挤
点餐不便

取餐 Take Meal

- 在等待取餐时间过长时会表现不耐烦。
- 如果工作人员不提醒无法知道自己的菜品是哪份。
- 等餐时间长，窗口附近聚集人群多。

等待时间长
不清楚哪个是自己的

做决定 Decisions

- 对具体要吃的菜品难以决定。
- 长时间犹豫吃什么（多人进餐时聚集在窗口讨论菜品）。

难以决定

个人 Personal

- 个人用餐情况不同，无法有一个固定的用餐流程。
- 单人用餐时主要会打包。

受主观影响大

点餐 Order

- 需靠近窗口看菜（窗口菜品标志模糊看不清）。

餐品展示不清晰

座位 Seat

- 用户端饭后坐位难找。

受主观影响大

菜品 Dishes

- 饭菜保温过难。

无法保温

（b）

图2-10　在平面图上进行标注的行为地图（学生作业）

图2-10所示案例是针对学校食堂区域的用户行为进行的观察和记录，通过视频拍摄的方式记录地点内的用户的行为，在平面图中标出用户的行动路线，从而挖掘其关键行为特征。

3. 脉络访查法

（1）概述

脉络访查法是一种身临其境地观察、访谈，揭示潜在的、无形的工作结构的方法。运用脉络访查法有助于研究人员了解交流流程、任务序列、人们用来完成工作的组件和工具、与工作相关的文化以及物理环境的影响力。研究人员在调查中亲身体验参与者的经历，从而发现潜在的工作结构，因此所获得的数据更能反映现实情况。

（2）使用原则

①真实：脉络访查法最基本的要求是研究人员必须在真实的工作地点进行研究，必须观察人们日常活动的细节，这样才可以发现潜在的工作结构。

②合作：脉络访查法最突出的特点之一就是运用师徒关系模式。研究人员一边观察学习，一边通过提问探寻前因后果，而被观察者一边展示过程，一边解释内容。由于人们在边工作、边讨论的时候更能看出传授知识的工作结构，因而研究的数据更能反映真实情况。

③解释：在获得数据之后，研究人员要假设或者解释该数据对于参与者的意义。

④聚焦：研究人员必须打破自己的视野局限性，将重点放在参与者身上，多关注参与者的世界。

（3）操作步骤

通常，二小时到三小时的时间即可完成一次脉络访查。设计人员首先要实地观察和采访参与者，参与者的人数则需根据项目和工作的范围而定。然后进行亲身体验，了解人们日常活动的细节，进而综合分析研究结果。注意，设计人员要在不同用户群中采访多位参与者，然后才可以开始综合分析脉络访查的结果。（图2-11）

4. 眼动追踪法

（1）概述

眼动追踪法是指参与者在使用产品界面或与产品互动时进行眼动测试，从而收集详细的眼动数据的方法。眼动数据包括记录参与者注视时长、眼跳、关注度等的数据。

（2）常用设备及指标

常见眼动设备一般分两种，分别为非接触式红外眼动仪和头戴式眼镜式眼动仪。眼动仪的工作原理是：使用机器视觉技术捕捉瞳孔的位置，然后将这个位置信息通过内置的算法计算，获得用户在所看的界面上视线的落点，即用户当前注视点在界面上的位置。

基本的眼动指标包括以下几个方面。

①注视：即用户视线停留在界面某处，并保持一段时间的稳定的过程。此时用户会对注视到的信息进行理解。

②眼跳：即用户从一个注视点跳到另外一个注视点的运动过程。一般情况下，眼跳不会对视线经过的信息进行理解。

③瞳孔直径：有研究显示瞳孔直径和用户的情绪有关。这项指标特别适合游戏产品的测试，可以通过对玩家瞳孔变化的监测来了解用户在游戏过程中的情绪变化。

④热点图：热点图可以直观呈现界面上各个区域受到用户关注的程度，一般是将多名用户的数据叠加在一起形成的。热点图用颜色的深浅来表示用户的注视情况。注视情况可以用注视点的个数表示，即某个区域注视点的个数越多，热点图上该区域的

颜色就越深；也可以用注视的时长表示，即用户注视某个区域的时间越久，热点图上该区域的颜色就越深。

⑤兴趣区（Areas Of Interest，AOI）：测试过程中，研究人员可以使用眼动软件在测试材料上画一个区域，这个区域就是兴趣区。在数据分析时，使用关注度指标评估这个兴趣区对用户的吸引力如何。

用户脉络+访谈

用户信息
Basic Information

基本信息

周主任一家
年龄：28
婚育：一个女儿

四口之家

家庭成员：外婆、妈妈、爸爸、女儿
居住地：无锡梁溪区
住房面积：120m²左右

父母信息

工作：爸爸是白领，妈妈是公务员

孩子信息

年龄：四岁
性别：女生
特点：害怕声音，喜欢画画

访谈摘录

Q:喂奶的习惯，冲泡奶粉遇到的问题?
A:母乳一般喂到一年半是最好的，大部分的孩子一个月左右就能喝奶粉了。但是现在孩子不喜欢喝牛奶和奶粉，只可以母亲自己做酸奶来给孩子吃，补充营养。幼婴时喝的是矿泉水，再到矿泉水与纯净水混用，然后再以纯净水为主。
Q:婴儿的饮食习惯，是都需要制作辅食吗？是否有辅食机的使用经历?两岁以上的小孩饮食需要注意的事项?
A:刚出月子的时候喝大概150ml左右的，但也不一定，可能孩子会有厌食期。然后一开始是用母乳喂养的，母乳会自己存一点在冰箱里，用的时候就常温解冻，然后再用小于60℃的水加热。六个月之后断奶，就开始吃苹果泥等辅食，以辅食为主，后来吃颗粒比较大的，再后来就和成人吃的东西一样，但是是要给清淡的吃(不添加味精，添加有机酱油等比较天然的东西)。饮食的话孩子比较小的时候一天是需要加餐的，一天可能五到六顿(水果，小点心等的辅食)吃饭的时候要看着iPad吃饭。
Q:餐具如何消毒，是否使用过相关产品?
A:先是使用二用洗洁精洗干净之后再用水冲，沥干之后再放进消毒柜，使用的频率比较高。选择的消毒柜是紫外线的消毒柜。因为与蒸汽的相比，紫外线的虽然清洁效果没有蒸汽的好，但是就容量和方便来说，是紫外线的消毒柜比较好，蒸汽的消毒柜容量小，而且有的塑料制品不能承受高温。紫外线消毒柜一般都是低温消毒。是使用家里的消毒柜消毒的，放在低温消毒那一层。

Q:如何护理婴儿衣物?
A:手洗，不怎么脏搓一下就可以了，慢慢长大了之后就用洗衣机清洗，和大人的衣物分开洗。使用自来水来清洗衣物，洗衣机的儿童衣物高温洗涤模式不怎么用，因为只要用30~40℃的水来清洗就可以了。

Q:关于幼儿洗浴的问题?
A:夏天的时候使用30℃左右的水，冬天就用40℃左右的水，中途基本不加水，就算澡盆保温不好,一般用桶。一般有月嫂来帮孩子洗澡，坐月子的时候基本天天洗，而且孩子对于有声音的东西比较排斥。以前洗澡的时候很怕滑，因为孩子比较小。就算有浴帽孩子也比较排斥。
Q:娱乐玩耍方面的问题?
A:小孩子就玩一般的玩具和画画，搭积木或者黏土等。一般每天 下班之后都会陪孩子玩一小时左右，周末会出去玩，带水，带辅食等。
Q:母婴产品使用周期是否比较短，有无延长的必要?如果和多功能结合怎么样?
A:还好，因为都是必需品，如果买了用了的话就不会太浪费，也可以循环着用，可以给亲戚朋友用。与多功能组合是挺好的，但是多功能了之后是不是还能达到单个产品的效果(精度要高)，不能强行组合。价格都是可以接受的吗，但是在购买产品的时候会先询问一下周围人的意见，关注产品的原理，重点在是否会产生二次污染上，还有清洁的问题。关键还是以实用性为主。

访谈总结

给孩子吃辅食的时候尽量要选择天然的食材。

泡奶粉时用的水是矿泉水而不是自来水，关注与饮用相关的用水。

母亲在怀孕，坐月子时家人应该多陪伴孕妇。

相对于蒸汽式的消毒柜来说，紫外线式消毒柜的消毒方式更受欢迎。

产品多功能组合时更应该关注的是被组合起来共能的精度，关键还是以实用性为主。

用户脉络+访谈

用户信息
Basic Information

基本信息

周主任一家
年龄：28
婚育：一个女儿

四口之家

家庭成员：外婆、妈妈、爸爸、女儿
居住地：无锡梁溪区
住房面积：120m²左右

父母信息

工作：爸爸是白领，妈妈是公务员

孩子信息

年龄：四岁
性别：女生
特点：害怕声音，喜欢画画

入户照片

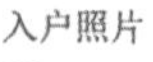

消毒柜

左边是矿泉水，右边是纯净水

食物剪

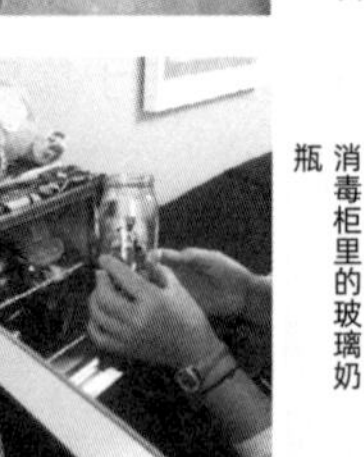

消毒柜里的玻璃奶瓶

消毒柜里的奶瓶

访谈总结

给孩子吃辅食的时候尽量要选择天然的食材。

泡奶粉时用的水是矿泉水而不是自来水，关注与饮用相关的用水。

母亲在怀孕,坐月子时家人应该多陪伴孕妇。

相对于蒸汽式的消毒柜来说,紫外线式消毒柜的消毒方式更受欢迎。

产品多功能组合时更应该关注的是被组合起来共能的精度,关键还是以实用性为主。

图2-11　脉络访查案例（学生作业）

图2-11所示案例是针对婴幼儿进食活动的脉络访查，设计者到被访者的家中实地探访，亲身感受为婴幼儿冲泡奶粉、制作辅食的全过程，同时通过谈话了解到了更多信息，并通过视频、拍照等方式将全程记录下来。

（3）作用

通过眼动追踪法，研究人员可以了解用户注意力在界面各元素上的分配问题，了解用户在界面上的决策过程，了解产品页面布局与用户心理预期是否匹配；也可以将眼动追踪法用于可用性测试中，以便深挖可用性问题等。

（4）操作步骤

第一步，界定研究问题，设计测试过程。根据项目需求提出实验假设或者要验证的问题，之后结合眼动指标，对实验效果进行指标定义。

第二步，预测试。在可用性测试中，预测试可以帮助我们发现之前设计的测试流程是否有疏漏，对测试脚本进行迭代。

第三步，招募用户。招募时要注意用户要尽可能适合使用眼动仪，同时根据实验性质和要求招募被试人数。

第四步，开始测试。

①准备测试材料：屏幕测试内容、指导语（最好是打印稿）、任务清单、用户信息登记表、问卷（如果需要）、纸笔、礼金等。

②调整坐姿：眼动仪所配的软件能将用户在眼动仪的“视野”中的位置示意出来的，因此我们在调整用户坐姿时，只要让用户的双眼在眼动仪视野的正中央即可，必要时再去调整座椅的高度和眼动仪的角度。此外，研究人员需要查阅眼动仪的说明书，了解眼动仪的必要参数，例如一般非接触式红外眼动仪会要求人眼距离屏幕的距离保持在50~60cm。

③眼动校准：研究人员可以手动调节校准的点数，从4点校准到9点校准都可以，一般情况采用5点校准。

④预测试：在正式实验之前，需要用户熟悉测试流程，做一遍预测试。预测试的流程和正式实验的流程是一致的，只是测试材料有所不同。

⑤测后访谈/问卷：正式测试结束后，可以进行访谈/问卷，以便为后续数据分析提供更为丰富的信息。

5. 参与式观察法

（1）概述

参与式观察法是一种身临其境的实地观察研究方法，通过参与活动、情境、文化和次文化来了解各种情况和人们的行为。由于参与式观察法能够融入当地环境观察某个活动或时间，因此可以观察到重要的人物和事情。

参与式观察法原是人类学的一种基本研究方法，经改变之后被用于设计研究中。人类学家作为参与者可能长时间生活在观察的情境或文化中，但设计研究人员的参与时间比较有限。不过，二者的目的都是积极参与到当地环境中，与环境形成紧密联系，与研究对象一起经历各种事情，从而身临其境地观察重要的人物和事情。

（2）适用场景

在参与式观察法中，研究人员参与到当地环境中，不仅要记录环境中显而易见的事情，还要记录参与者的行为、互动、语言、动机和观念，因此，参与式观察法通常要结合访谈等其他几种实地观察方法来使用。

（3）形式

曾在哈佛大学、耶鲁大学和麦吉尔大学任教的约翰·蔡瑟尔（John Zeisel）从观察者的角度出发，认为参与式观察法有以下两种形式。

①边缘参与：作为自然的参与者融入当地环境，观察某个活动或事件。

②完全参与：完全成为某个群体、次文化或文化当中的一员，在特殊情况下，可能需要通过潜伏或隐蔽来掩盖身份。

注意，参与式观察法的研究人员需要保持警觉，并保留一定的客观性，以避免对小组成员产生影响。（图2-12）

参与式观察法

寻找爱好美妆的大学生，与他们交流美妆话题，观察参与者的日常生活。
通过她们在日常生活中的行为和表现发现有价值的信息，并得出他们对美妆知识的存放、调取和使用方面的需求。

C同学

爱好了解美妆信息及观看美妆教程的女生

过程

我们通过和她聊天，进入了美妆话题。
她说之前在微博看到过一个美妆博主的化妆视频，觉得超好看，想推荐给我们看。但是她的微博内容繁杂，所以她忘记是点赞还是转发，也不记得视频的关键词是什么了。她在微博里找了好久也没找到，最后这件事也不了了之。

需求分析

用户在整理获得的美妆知识方面，并不是有目的性的，但还是有这方面的需求。

用户没有一个特殊的能够专门存放她已获得知识的空间，当她需要使用到这个东西时，往往需要很多花费时间和精力。

D同学

一位热爱收集和种草口红的同学

过程

最近一直听她说想买只新口红，也经常看到她在浏览一些美妆试色。
一个空闲的时候，她就跟我们聊了起来，她说很喜欢某个牌子的口红，但是一直在纠结色号，就想让人帮忙参考。她先翻找手机分类相册里的图片，给我看一个美妆博主的试色，又从另外一个分类上看别的试色，整个过程就在不同分类相册和App里切来切去，她自己也开始烦躁。

需求分析

用户对于美妆知识是有意识地存放收藏，但是却收藏的很杂乱，并不是很便于之后的使用。

对于用户之前收藏的东西，时间久了后就很难再回想起来，于是慢慢地这个知识对她就不再有意义了。说明用户对之前存放的知识还是希望能有个再次回想、提醒的需求。

图2-12　参与式观察法案例（学生作业）

图2-12所示案例中，设计团队寻找了热爱美妆的大学生，通过观察受访者的日常生活，发现有价值的信息，并得出他们对日常美妆的需求。

6. 隐蔽式观察法

（1）概述

隐蔽式观察法是指研究人员不直接参与行为过程或者发生交互关系，在不打扰参与者的情况下，通过观看和收听收集信息。

（2）作用

与参与式观察法的行为不同，隐蔽式观察法刻意避免研究人员（观察者）直接参与活动或与参与者交流，旨在尽量减少与参与者（用户）接触而产生的偏见或者行为对于观察结果的影响。

（3）形式

隐蔽式观察法有两种形式，最终选择哪种形式，要根据实际情况和研究的问题来决定。

①隐蔽局外人：观察地点远离参与者，尽量减少研究人员或录音设备对其行为的影响。这种形式的局限性在于很难捕捉到参与者个人的行为细节和内心想法。

②公开局外人：是指向被观察的参与者公开研究人员的身份和研究的性质，研究人员自然地待在某个位置，不对环境造成干扰。这种形式的缺点是尽管研究人员会尽力保持距离，在观察时不干扰活动过程，但由于参与者知道自己是被研究或观察的对象，因此就有可能改变自己的行为方式。（图2-13）

7. 影形法

（1）概述

影形法，就是如影随形地观察参与者日常生活或工作情况，随时了解一手详细内容，并使用照片、详细笔记、草图或音频进行记录的观察方法。研究人员在密切观察参与者的日常生活时，可以利用影形法获得深刻的见解，了解参与者的活动和决策模式。

（2）作用

影形法是一种探索性研究方法，其主要目的是帮助研究人员了解用户的实际行为、决策模式和日常习惯，因而十分有助于研究人员了解用户群体。此外，影形法也可以为早期的设计提供素材。

（3）操作过程

研究人员对用户进行影形观察时，需要制作一张概括性的模式图片，描述受测者的活动。影形法有多种变化形式，其中包括随行记录——与警察或紧急医疗服务人员等专业人士一起轮班。所以，根据研究结果的价值衡量与研究相关的风险和危险，有些职业或角色的随影观察需要获得特别审核。

在影形法的使用过程中，研究人员要与被观察者需要彼此合作，并保持适当距离，避免因为观察而影响参与者表达自然的习惯和行为。（图2-14）

隐蔽式观察法

A同学 纺院服设学生

晚上约了摄影棚，并且自己将作为模特出镜，准备在宿舍完成一个上镜的夸张妆容。

A同学**前一天**就已经在微博上**找好**想要完成的妆容视频并转发。

当用户遇到一个需要化妆的场景时，他们有提前准备好化妆知识并保存起来以便提取的需求。

打开微博App找到自己发布过的微博，很轻松地找到昨晚保存的妆容视频，一边播放视频一边开始化妆。

用户对准备好要应用的知识有快速提取的需求。

基本步骤跟着视频进行，因为视频剪辑后速度有些快，在**跟不上视频进度时**会暂停视频直至完成那一步。

视频类教程存在与真实化妆活动不同步的问题。

跟着视频学习时，会根据自己的情况**进行调整**。比如比起用视频里的**眉形**会更偏向于适合自己的眉形；或当视频中有些自己没有的单品会找相近的东西替代。

用户并不是完全依照收藏的内容整理妆容而是会灵活结合自己的经验以此来寻找真正适合自己的化妆效果。

视频中一些没有办法替代的东西，会提前购置或向同学借好。

对于视频中提到的一些单品，在完成妆容后，感到效果好的**有购买的打算**。

用户在不断地对收藏知识予以运用后，会对收藏中的单品产生购买倾向。

B同学 工商管理学生

打算画个精致的桃花妆。

B同学的化妆品大多是粉色系，比较符合她的个人形象和喜好，也适合她对这次妆容的定位，所以她不需要重新购置一些单品。

用户常为一些特定的社交活动提前储备一些妆容，必要时会促使用户使用更复杂的技巧对自己的妆容进行改进。

她的约会妆容相比日常妆容更加复杂精致，在眼影、腮红、口红等方面会用上平时不怎么用的彩妆品，也会**花更多的时间**搭配色彩，而其他地方则没有什么改变。

一些用户会时常调取收藏的知识，并对它进行创造性的改进以适合自己。

她会收集一些关于某个彩妆单品的配色及运用的图片。在化妆间隙她会看一下那些**以前存的化妆照片和教程**，并改造性地加以运用。

用户偏向于在更聚集的数据库中提取知识（手机相册）。

她喜欢使用同色系的单品，她认为这样能保持整个妆容统一的色调，并且营造一个统一的氛围。

对于自己感到满意的部分，她会向旁人**安利**，比如口红色号，眼影配色等。

用户乐于将自己的妆容风格总结成知识推荐给别人。

图2-13　隐蔽式观察法案例（学生作业）

图2-13展示的是设计者隐蔽记录女大学生平时对自己化妆品的管理以及她们运用和获取化妆相关知识的方式和途径。通过观察和分析被访者化妆的原因及全过程，设计者获得了她们化妆时在提取知识和使用方面的需求。

实地调研 观察法 | 影形介绍

影形介绍

在这部分，我们小组选取了五个正在大学生团队内工作的同学，参与了他们半天的生活，进行了相关的记录和思考，并提取了和沟通管理有关的有效信息

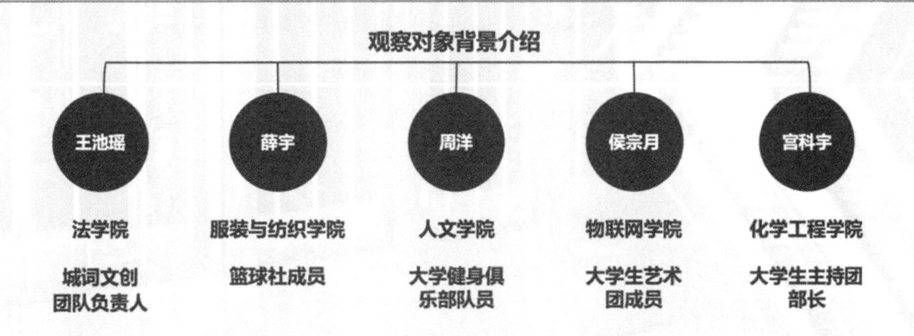

实地调研 观察法 | 影形过程

星期二中午之后的地点轨迹

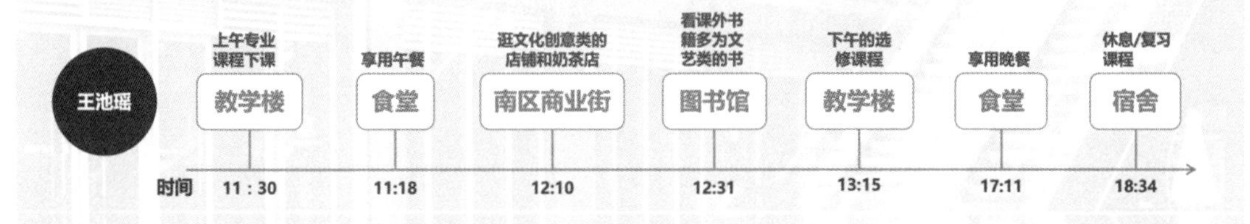

有效信息

1.王池瑶喜欢交流与政治有关的话题，如果有人和她有共同的兴趣的话，她会更加不受拘束地与人交流

2.她对于自己的专业非常有信心，在管理团队的时候会尽可能地将自己在法律学习中所锻炼的逻辑思维能力用到，希望打造一个在工作上具有高效率的团队

3.非常喜欢文化创意类的物品，在中午吃完饭之后喜欢去商业街逛逛相关的店家，并且喜欢和店主交谈相关的内容

4.中午一段时间内希望能有一个安静的环境，在图书馆看上一段书，无人打扰

实地调研 观察法 | 影形总结

① 在地点上，大学生团队成员都集中在宿舍、食堂和活动中心三个场所，进行的与沟通相关的活动也集中在这三个场所的最多，大家的需求也更多地在于兴趣交友

② 多数人都对社团例会表现出不太喜欢的态度，希望例会变得更有针对性，而不是形式的举行，浪费大家的时间

③ 大家都希望通过在社团的锻炼，能提升自己的综合能力，希望能与更多的同学顺利地沟通，为以后的职业道路打下坚实的基础

图2-14 影形法（学生作业）

三、以“创作”为途径的数据收集方法与工具

1. 拼贴

（1）概述

拼贴可以让参与者按照自己的理解自由发挥，在空白背景上拼贴不同的材料，也可以让参与者画好基本框架、线条，按照指示把文字和图像安排在基本框架内外、线条上。

一般的拼贴框架应该包含时间维度，例如过去、现在等。设计小组应运用定性分析，在几个拼贴内部和拼贴之间寻找模式和主题。设计过程中，可以使用或不使用特定的图像、文字和形状，可以从正面或负面使用各类元素，确定元素在页面上的位置以及各元素之间的关系。

（2）作用

传统的调研方法可能会令人感觉不自在，但拼贴法可以减少研究的难度，让参与者通过具体物件表达个人信息。通过材料的选择和组合，参与者可以按照自己的理解自由发挥，能够更自然地在具体物品上解释和表达内心的感受、想法和愿望。拼贴后的成果可以作为谈话等调研中形象的参考内容来使用，也可以为设计小组提供观点和灵感。

（3）操作步骤

①预先准备拼贴工具，选定恰当的材料——模糊但不会影响参与者的观点，但也要足够明确，且符合拼贴的主题。工具及材料通常包括卡片或纸张、预先收集的图像、文字、胶棒等。也可以尝试使用定制软件，通过屏幕来制作拼贴。

②为参与者提供空白的卡片、贴纸和笔，让他们在拼贴过程中可以增添自己需要的内容。

③允许参与者自由发挥，每个成员完成一个拼贴。

④为保证分析的客观性和准确性，可以比较现场参与者和未在现场的参与者对拼贴结果理解的不同，并让他们逐一解释对拼贴结果的理解。参与者向小组或研究人员展示拼贴结果并解释自己的理解是一个重要环节，因此最好对这个过程进行录像，以供日后进行进一步分析。

⑤设计小组进行内部讨论，可以参考参与者的叙述来分析具体物件，也可以不参考参与者的叙述来分析。（图2-15）

—● 激活阶段

拼贴

给用户一些图片和文字来帮助他们把一些经历体验通过图片和文字进行表达。我们在用户进行完聚会后，将聚会中的一些主要部分可视化做成贴纸，给用户进行拼贴，了解用户的主观感受，对今后的产品有怎样的期望。

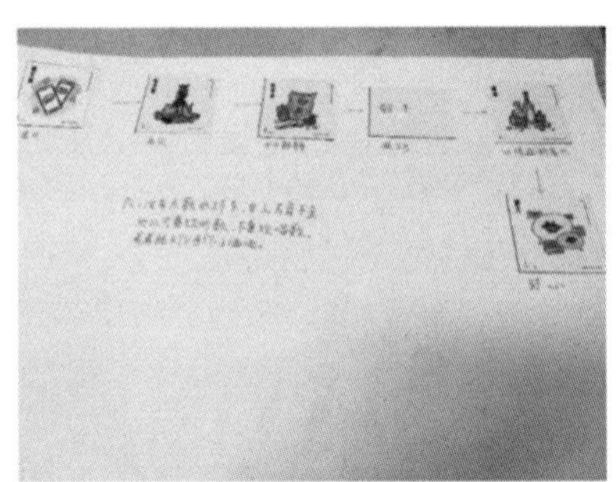

图2-15　拼贴法案例（学生作业）

图2-15所示的案例中，设计团队为了了解受访者在聚会娱乐活动中的体验和感受，给受访者提供了一些图片和文字，以帮助他们将自己的体验和感受表达出来。在受访者聚会结束后，设计团队将聚会中的一些主要部分可视化，并做成贴纸，分给受访者进行拼贴，从而了解这些受访者的主观感受以及他们对今后的产品有怎样的期望。

2. 文化探测

（1）概述

文化探测是一种引导参与者运用新的形式了解自己，更好地表达对生活、环境、理念和互动行为的理解的启发性方法。文化探测的构成材料较为灵活，没有特殊限制。只要可以启发人们认真考虑个人背景和相关情况，并以独特、创新的方式回答设计小组的问题，任何材料都可以作为文化探测的组成部分。

（2）作用

文化探测是一种探索性的方法，它并不在正式分析中使用。文化探测的发明者把这种方法定义在“艺术家—设计师”的范畴，并强调要公开表达自己的主观感受。作为一种灵活且具有创意的方法，它虽然随意，但仔细推敲其审美工艺、信息和成果便不难发现，这是一个可以让参与者比较愉快地参与项目、尊重过程、如实地表达自己主观感受的方法，因此它有助于设计小组顺利获得参与者的反响与回应，从而明确参与者的文化、喜好、信仰和愿望，进而收集到启发性的数据，激发设计的想象力。如果最终的设计得当，人们的积极参与和设计小组的投入会让文化探测收获等同或者超越传统方法的反响。这种方法为设计人员打开了一个探索设计的可能性，并且结合其他信息研究方法（如观察、实地考察、访谈和第二手资料）的“窗口”。

此外，通过大规模使用定制产品，客户从消费者变成了协同设计师，而文化探测工具可以追踪这些变化，即在设计人员不在场的情况下，利用文化探测工具来了解客户的亲身体验，并长期收集信息。

（3）操作步骤

文化探测常用来辅助参与者进行自我描述，其具体操作步骤如下：

①确定文化探测的主题。

②准备需要参与者回答的问题。

③准备文化探测工具包，即准备明信片、地图、杂志、相机、录音设备和各种文本和图像等引导材料。文化探寻工具包可以是多种形式材料的组合。

④为参与者提供文化探寻工具包，并告知相关主题和问题。

⑤回收工具包。（图2-16）

沉浸阶段

工具:文化探测包

邀请函+感谢信+记录册

目标:
1.了解设计师日常压力来源与解压方式
2. 了解情绪发生的时段

第一版:压力记录册

- 5种颜色的便签，代表5种压力等级
- (颜色浅深：压力小大)

第二版:情绪记录册

每日情绪记录

- 每天一张共五张
- 记录情绪及原因

图2-16　记录册式的文化探测包（学生作业）

图2-16所示案例中，设计者设计了一份压力记录册和情绪记录册，让受访者记录一天中感受到压力的时间以及消失的时间和压力具体情况，从而了解受访者日常压力来源与解压方式和情绪发生的时段。

3. 情书与分手信（图2-17）

（1）概述

情书与分手信是一种浅显易懂的数据收集方法，它能让人们更自然、放松地表达自己对产品或服务的情感。情书主要描述人们使用产品产生奇妙瞬间时的感受，展示出产品哪些方面令人高兴和陶醉，以及人们为什么会对该产品忠诚和专一。分手信主要是让研究人员了解到人们是何时、何地、如何与产品的关系变得恶化，深入了解人们放弃某个品牌或产品的原因。这两种形式都很适用于群体活动中，如协同设计、小组访谈，甚至破冰活动。

（2）作用

情书与分手信能体现出日常生活中，人们和产品或者服务之间的关系。二者的对象不是真实的人，而是产品或者服务——参与者根据要求将产品拟人化，给产品写情书或分手信。通常情况下，参与者会分享他们现实生活中的经历，描述某一产品在他们的生活中扮演（或曾经扮演）的角色，具有什么样的意义。参与者通常会表达出令人意想不到的心声，无论是喜欢还是讨厌产品，都能体现出人们对于某件产品的感情和强烈的情绪。这就可以让研究人员设身处地地了解消费者的感受，了解与用户产生联系并让他们获得愉悦的重要因素。

（3）操作步骤

参与者可以按照自己熟悉的方式——手写情书或分手信，来表达自己的思想和情感，展现自己对于产品或者服务感到满意还是失望。具体操作步骤如下：

①确定情书与分手信的拟人对象。

②请参与者在10分钟内写一封信（如果时间过长，可能会让参与者过度思考信的内容）。

③选出志愿者，让其在大家面前大声朗读信件的内容。

④重点拍摄参与者阅读信件的视频，其中参与者朗读信件时的声音也是一种值得关注的非言语性暗示。

⑤保存手写的信件原稿，这是重要的研究素材。

情书与分手信
请你对自己喜欢的久坐后的放松方式或者辅助产品写一封情书。
或者……
对你认为不喜欢的产品或舒缓方式写一封分手信。

图2-17　情书与分手信（学生作业）

图2-17所示案例中，设计团队让受访者给自己喜欢的久坐后的放松方式或辅助产品写一封情书，给自己不喜欢的产品或舒缓方式写一封分手信，从文字中提取用户的痛点和期待。

4. 设计工作坊

（1）概述

设计工作坊是一种参与式的数据收集方法，通常是邀请几名参与者在约定时间内与设计小组成员一起工作，并在组织的会议过程中探讨共同的设计创意。设计工作坊的参与者往往不是设计人员，但他们会根据分配的问题积极参与创造性活动。

在设计探索阶段，设计工作坊可以运用拼贴、绘图、制作图表等方法来了解用户的世界、创建设计理念。设计工作坊最常用于生成性研究和弹性建模等注重共同设计的参与性阶段，并且提供创作理念，来验证设计团队的方向。在评估阶段，参与者与设计人员共同讨论设计理念，反馈信息，并为设计的修正和完善提供建议。

如今，设计工作坊也越来越多地用于培训对设计过程和设计思维感兴趣的商界人士及其他行业的人，他们通过亲自参与设计实践活动，更多地了解到设计的构思和创新过程。

（2）作用

设计工作坊的研究以活动为基础，因此，这样的方法更有效、有趣且令人信服，有助于参与者中的利益相关者相信设计人员的创意，并愿意表达自己的想法。虽然组织和运作设计工作坊可能费时费力，但付出的努力绝对值得，获得的成果也绝对斐然。设计工作坊不仅可以快速收集参与者的观点，还可以保证设计小组成员和客户都认可最终的结果。此外，设计工作坊通常是在工作场所或所有人都方便出席的场所举办，这样也可以节约参与者的时间。

（3）操作过程

设计工作坊一般由主持人提前策划安排，通常包括以下几项活动：

①概括介绍这次议程的主题和安排。

②小组讨论相关话题，小组成员可以记录或者画下讨论结果。

③参与者可以在便签纸上记录个人想法，然后由小组建立亲和图共同分享讨论。

④个人或规模较小的团队可以运用拼贴、绘图或其他形式表达创意，然后呈现给大家。

⑤小组还可以进行一些简单的设计培训工作，以便使参与者能够参与构建实物模型、草图或故事板，或者在团队内进行角色扮演，体会如何通过设计解决问题。

第三节　设计研究数据分析方法与工具

在通过以上各种途径收集到用户数据后，需要一定的方法与工具对所收集的数据进行分析和设计定义。下面介绍三种数据分析方法。

一、数据洞察分析

1. 概述

洞察的一般定义就是深入了解形式或者理解观察结果内在性质的行为，通过提出“为什么”这样的问题对观察结果进行追根寻底式的诠释，从而了解其深刻含义。洞察，通常可以理解成一种观点，或者理解为可以通过某种方式做出合理说明、并为人们普遍认可的一种解释。有价值的洞察往往不易察觉，甚至意想不到。

所谓“数据洞察”，就是发现数据反馈中本身就存在的，但是需要花一番工夫才能得到的分析结果。注意，洞察不是创造出来什么新东西，而是你发现了一个过去没关注到的数据分析结果。

以对人们的购房决策的研究为例，通过观察、访谈等各种途径收集的各种现象，发现很多现象反映出人们的普遍需求，即希望可以提前了解住房的环境。这个发现可以解释人们很多的行为，那么我们就可以视其为一个洞察。基于这个洞察就可以为设计提供相应的指导。

2. 必要性

沃顿商学院的荣誉教授罗素·艾可夫（Russell. L. Ackoff）提出了一个DIKW模型，其价值在于可以帮助我们构建和解释如何处理数据的收集和分析结果。DIKW模型在“研究框”中显示了三个层级，即数据、信息和知识。在框外，最底层称为现象，最上层称为智慧。不同的层级会对应不同的设计价值，其中数据层对应比较零散的设计想法，如果想得到比较宏观和深刻的设计定义和指导，就需要分析数据，形成洞察。（图2-18）

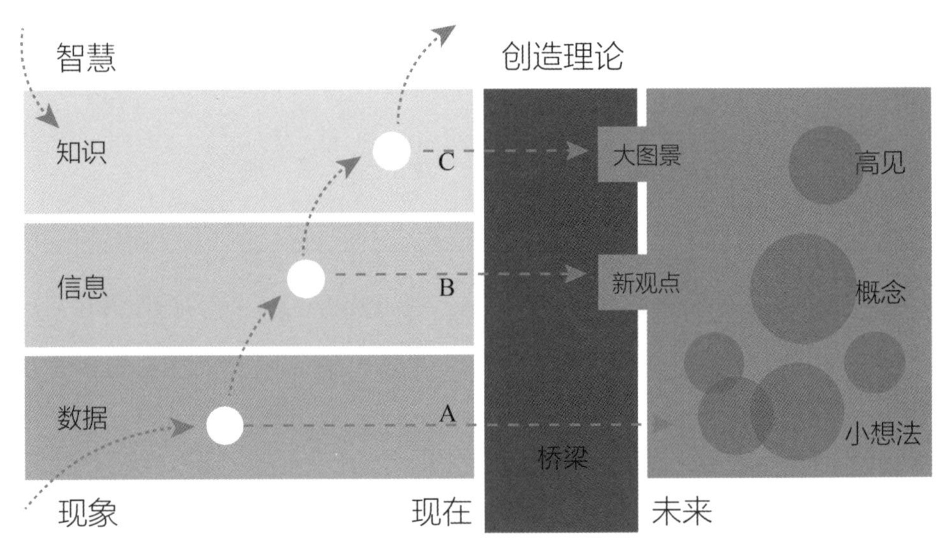

图2-18　DIKW模型

3. 使用步骤

现象是指在世界上发生的某些事情，了解现象的意义是我们的研究目标。我们无法真正捕捉到现象，但可以捕获和保留数据。数据可以以照片、视频、音频甚至笔记的形式记录下来。数据与信息不同，信息是研究人员或研究团队解释过的数据，这也是二者最重要的区别。对于同一条数据，可能会有不同的解释，例如一张照片可以被解释为“带有明亮灯光的照片”“清晨活动的照片”“有人打电话的照片”或“我们的参与者为我们拍照的照片”。这些不同的解释来自相同的数据，并且都可能有效。

数据本身没有任何意义，它是研究人员通过诠释主动选择的结果。虽然数据通常是物理的并且具有多样性，但研究人员对数据的诠释是符号化的（通常是口头的），并且通常在一定的分类框架内对数据进行选择。

虽然数据不能完全相同，但作为符号的信息可以是相同的。因此，可以在解释中寻找模式，并且可以由人或计算机执行符号操作的方法，例如排序和计数方法。

对数据结果进行一系列条理清楚的说明，有助于促成设计师形成对问题的全局视野，使过程变得清晰、明了，也易于团队达成共识，形成洞察。下面介绍从完成数据收集到开始洞察分析的步骤。

①搜集并描述观察结果。在前期的用户研究中，利用现场记录、照片、音频、视频、访谈等方法得到了观察结果。对于每个观察结果，都需要进行书面说明，以此作为观察行为的实证性陈述。需要注意，在描述观察结果时，应保持客观、理性，无须作出任何解释或判断。

②透过现象看本质，找出深层逻辑依据。设计师应通过观察表面的结果，主动了解用户行为背后的思考过程，形成洞察或者普遍认可的解释。同时将所有的洞察记录，并选出最易于接受的洞察。

③描述所有洞察。为每一个洞察撰写简明、客观的陈述。洞察代表经过具体观察后提炼出的更高层次的内容，其陈述应具有一般性、普遍性。

④组织和整理所有洞察。在电子表格中整理出观察结果的陈述以及对应洞察的陈述。洞察可以是多个观察结果形成的单个洞察，也可以是单个观察结果产生的多个洞察。

⑤讨论并完善。在集体讨论洞察时，设计团队应考虑这些问题：这些洞察是否包括所有的研究结果？是否具有非线性？是否令人意想不到？是否足以涵盖所有方面？是否需要进一步研究验证？（图2-19）

二、商业模式分析

1. 概述

商业模式分析是一个重要的分析方法，适用于很多角色。通过商业模式分析，设计师可以找到合适的商业模式，从而发布新的产品。商业模式描述的是企业如何创造价值、传递价值和获取价值的基本原理，它像一个战略蓝图，通常通过企业的组织结构、流程和系统来实现。商业模式包含4个主要方面：客户（为谁提供）、提供物（提供给什么产品/服务）、基础设施（如何提供）和财务生存能力（成本和收益是多少）。

商业模式框架由9个基本构造块组成：客户细分、价值主张、渠道通路、客户关系、收入来源、核心资源、关键业务、重要合作、成本结构。

（1）客户细分

客户细分用来描述一个企业或机构所服务或想要接触的一个或多个客户分类群体。客户是任何商业模式的核心。

客户细分群体存在不同的类型，包括以下几种。

①大众市场：聚焦于大众市场的商业模式在不同客户细分之间没有多大区别，价值主张、渠道通路和客户关系全都聚焦于一个大范围的客户群组，在这个群组中，客户具有大致相同的需求和问题。这类商业模式经常能在消费类电子行业中找到。

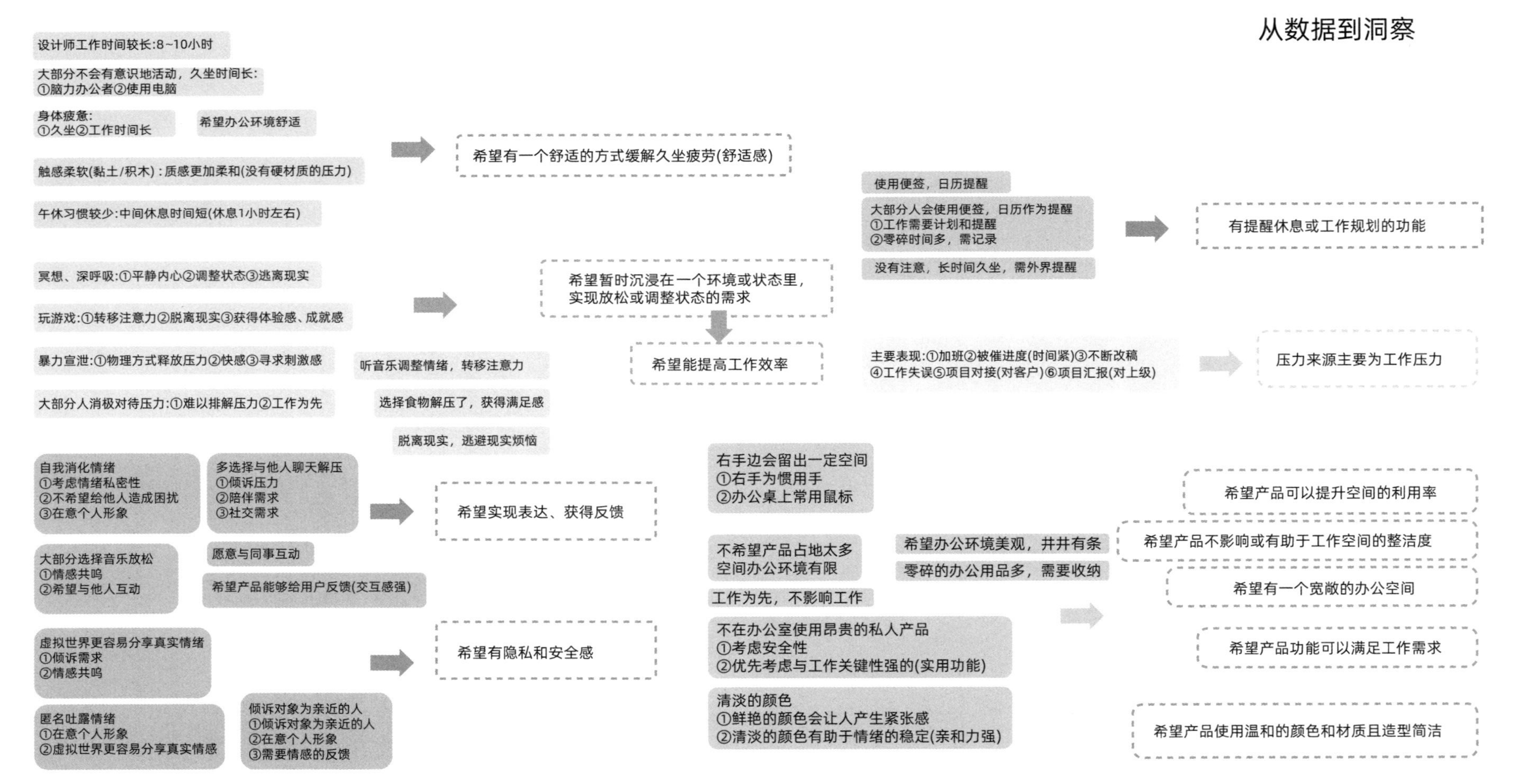

图2-19　数据洞察分析法（学生作业）

图2-19所示案例中，设计团队在对缓解用户压力和疲劳的相关活动进行数据收集后，整理归纳出了洞察点。

②利基市场：以利基市场为目标的商业模式迎合特定的客户细分群体，价值主张、渠道通路和客户关系都针对某一利基市场的特定需求定制。这样的商业模式常常可以在供应商和采购商的关系中找到，例如，很多汽车零部件厂商严重依赖来自主要汽车生产工厂的采购。

③区隔化市场：有些商业模式在略有不同的客户需求及困扰的市场细分群体间会有所区别。例如，瑞士信贷集团（瑞士三大银行之一）的银行零售业务，在资产超过10万美元的大客户群体与资产超过50万美元的更为富有的群体之间，市场区隔就有所不同。这些客户细分群体有很多相似之处，但也有不同的需求和困扰。这样的客户细分群体影响了瑞士信贷集团商业模式的其他构造块，诸如价值主张、渠道通路、客户关系和收入来源。

④多元化市场：具有多元化客户商业模式的企业，可以服务于两个具有不同需求和困扰的客户细分群体。例如，2006年亚马逊（Amazon.com）为了让销售业务多样化，决定销售云计算服务，即在线存储空间业务与按需服务器使用业务。于是，亚马逊开始以完全不同的价值主张迎合完全不同的客户细分群体——网站公司。

⑤多边平台或多边市场：有些企业会服务于两个或更多的相互依存的客户细分群体。例如，信用卡公司需要大范围的信用卡持有者，同时也需要大范围的可以受理那些信用卡的商家。同样，报纸企业提供的免费报纸需要大范围的读者，以便吸引广告，同时还需要广告商为其产品及分销提供资金。这些企业要想让这个商业模式运转起来，就需要双边细分群体。

（2）价值主张

价值主张用来描绘为特定客户细分创造价值的系列产品和服务。企业通过价值主张来解决客户难题和满足客户需求。下面的一些简明要素，有助于为客户创造价值。

①新颖：产品或服务能够满足客户从未感受和体验过的全新需求。

②性能：改善产品和服务性能是传统意义上创造价值的普遍方法。

③定制化：以满足个别客户或客户细分群体的特定需求来创造价值。

④把事情做好：可通过帮客户把某些事情做好而简单地创造价值。

⑤设计：产品因优秀的设计脱颖而出。

⑥品牌/身份地位：客户可以通过使用和显示某一特定品牌而发现价值。

⑦价格：以更低的价格提供同质化的价值，以满足对价格敏感的客户细分群体。

⑧成本削减：帮助客户削减成本是创造价值的重要方法。

⑨风险抑制：帮助客户抑制风险也可以创造客户价值。

⑩可达性：把产品和服务提供给以前接触不到的客户。

⑪便利性/可用性：使事情更方便或易于使用，可以创造可观的价值。

（3）渠道通路

渠道通路用来描述企业是如何沟通、接触其客户而传递其价值主张。沟通、分销和销售这些渠道，构成了企业对客户的接口媒介。渠道通路是客户接触点，在客户体验中扮演着重要角色。渠道具有5个不同的阶段，每个渠道都能经历部分或全部阶段。我们可以区分直销渠道与非直销渠道，也可以区分自有渠道和合作伙伴渠道。企业可以通过选择通过自有渠道、合作伙伴渠道或将二者混合来接触客户。

（4）客户关系

客户关系用来描述公司与特定客户细分群体建立的关系类型。企业在每一个客户细分市场都会建立和维护客户关系。我们通常把客户关系分为以下几种类型，这些客户关系可能共存于企业与特定客户细分群体之间。

①个人助理：基于人与人之间的互动，可以通过呼叫中心、电子邮件或其他销售方式等手段进行。

②专用个人助理：为单一客户安排专门的客户代表，通常是向高净值个人客户提供服务。

③自助服务：为客户提供自助服务所需要的所有条件。

④自助化服务：整合了更加精细的自动化过程，可以识别不同的客户及其特点，并且提供与客户订单或交易相关的信息。

⑤社区：利用用户社区与客户或潜在客户建立更为深入的联系，如建立在线社区。

（5）收入来源

收入来源用来描述公司从每个客户群体中获取的现金收入，包括一次性收入和经常性收入（需要从创收中扣除成本）。收入来源产生于成功提供给客户的价值主张，有固定定价和动态定价两类定价方式。以下是一些可以获取收入的方式。

①资产销售：销售实体产品的所有权。

②使用收费：通过特定的服务收费。

③订阅收费：销售重复使用的服务来收费。

④租赁收费：针对某个特定资产在固定时间内的暂时性排他使用权的授权。

⑤授权收费：知识产权授权使用并换取授权费用。

⑥经济收费：提供中介服务收取佣金。

⑦广告收费：提供广告宣传服务收入。

（6）核心资源

核心资源用来描述让商业模式有效运转所必需的最重要因素。核心资源是提供和交付先前描述要素所必备的重要资产。核心资源可以是实体资产、金融资产、知识资产，也可以是人力资源。核心资源既可以是自有的，也可以是公司租借的或从重要伙伴那里获得的。

核心资源可以分为以下几类。

①实体资产：包括生产设施、不动产、系统、销售网点和分销网络等。

②金融资产：金融资源或财务担保，如现金、信贷额度或股票期权池。

③知识资产：包括品牌、专有知识、专利和版权、合作关系和客户数据库。

④人力资源：在知识密集产业和创意产业中，人力资源至关重要。

（7）关键业务

关键业务用来描述企业为了确保其商业模式是否可行而必须要做的最重要的事情。任何商业模式都需要多种关键业务。

关键业务可以分为以下几类。

①制造产品：与设计、制造及发送产品有关，是企业商业模式的核心。

②问题解决：为客户提供新的解决方案，需要知识管理和持续培训等业务。

③平台网络：网络服务、交易平台、软件甚至品牌都可看成平台，与平台管理、服务提供和平台推广相关。

（8）重要合作

重要合作用来描述让企业商业模式有效运作所需的供应商和合作伙伴的网络。企业的有些业务需要外包，一些资源也需要从企业外部获得。

合作关系分为以下四类：

①在非竞争者之间的战略联盟关系。

②在竞争者之间的战略合作关系。

③为开发新业务而构建的合资关系。

④为确保可靠供应的购买方的供应商关系。

（9）成本结构

成本结构用来描述企业运营一个商业模式及上述要素所引发的所有成本构成。

成本结构有两种类型。

①成本驱动：创造和维持最经济的成本结构，采用低价的价值主张、最大限度自动化和广泛外包。

②价值驱动：专注于创造价值，增值型的价值主张和高度个性化服务通常以价值驱动型商业模式为特征。

2. 必要性

如前文所述，在整合创新中需要考虑的内容要素除了用户外，还有商业、技术等内容。而一个成功的整合创新需要在商业上获得认可，就离不开对商业模式的分析。了解和学会分析商业模式，设计师才能质疑、挑战和转换那些陈旧、过时的商业模式，从而重新使一个商业模式恢复活力；才能把富有远见的想法应用在商业模式中，从而更加系统地发明、设计和实现更好的商业模式。

3. 工具

以上9个商业模式构造块组成了构建商业模式便捷工具的基础，这个工具我们称之为商业模式画布。我们可以通过填充相关构造块来描绘现有的商业模式或设计新的商业模式。使用商业模式画布的最好办法就是将其在大的背景上投影出来，这样设计团队就可以用便利贴或者马克笔共同绘制和讨论商业模式的不同组成部分。（图2-20）

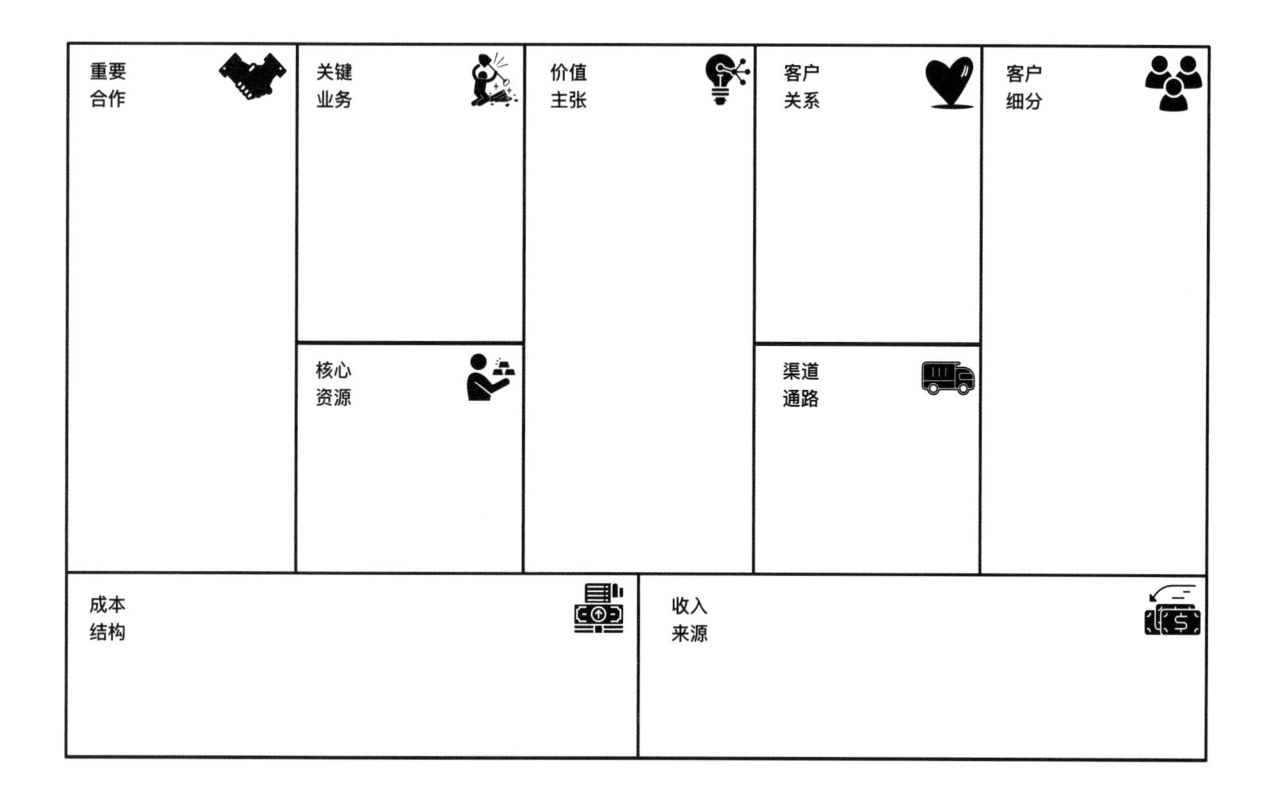
重要
合作
关键
业务
价值
主张
客户
关系
客户
细分
核心
资源
渠道
通路
成本
结构
收入
来源

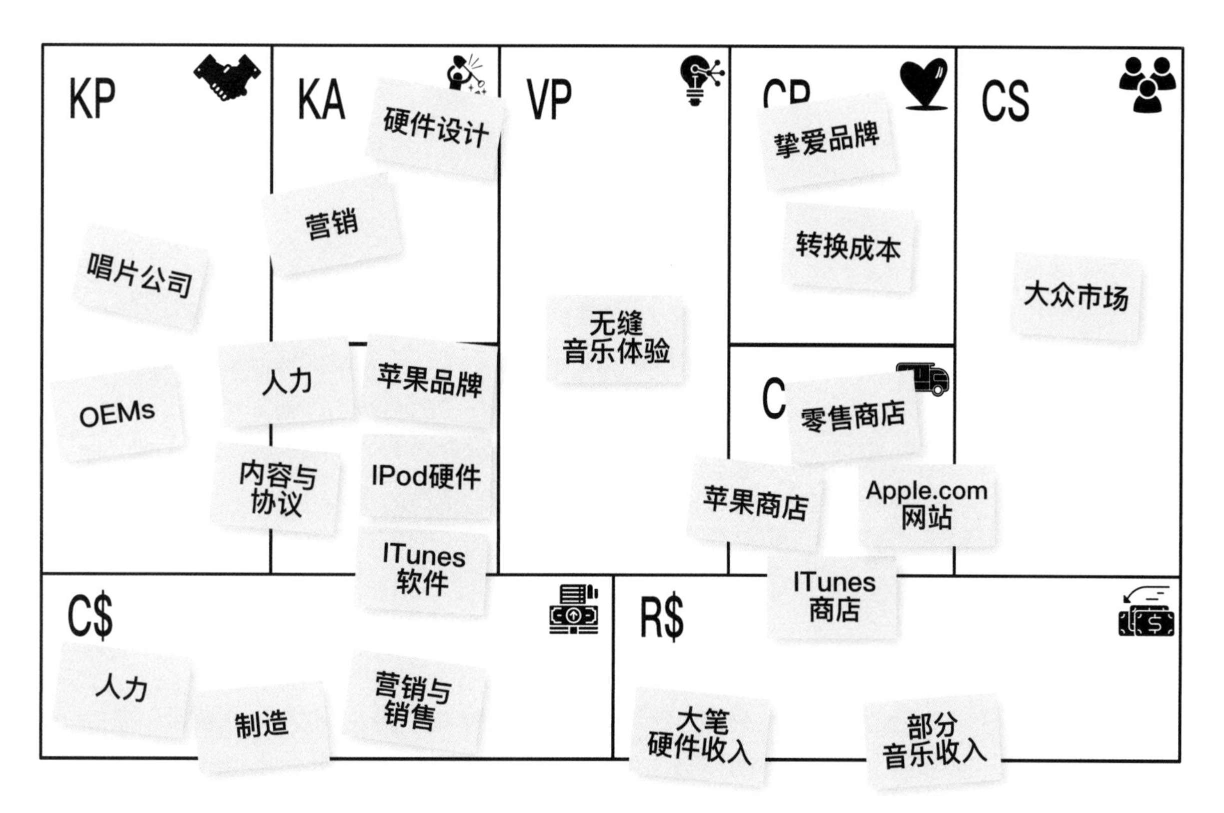
KP
KA
VP
CS
C$
R$
硬件设计
挚爱品牌
营销
转换成本
唱片公司
大众市场
无缝
音乐体验
人力
苹果品牌
OEMs
零售商店
内容与
协议
IPod硬件
苹果商店
Apple.com
网站
ITunes
软件
ITunes
商店
人力
制造
营销与
销售
大笔
硬件收入
部分
音乐收入

图2-20　商业模式画布

来自设计领域的设计理念和设计工具，同样是商业模式取得成功的必要条件。设计领域的一系列技术方法和工具，都能够帮助我们设计更好、更具创意的商业模式。设计师的任务包括持续追求最好的设计方法、探索未知的领域并实现所需要的功能、拓展思想的界线、无保留地探索新的方向以及发现未知并加以实现。这就需要具备“找到还有什么不存在”的能力。

三、BTU综合分析

1. 概述

BTU是指根据企业需求（Bussiness needs）、用户需求（Users wants）、技术目标（Technology targets）这三方面来对某一设计问题进行定义、机会点挖掘，进而得出产品特征描述。企业需求主要关注于消费者，根据企业目标计划和市场需求确定；用户需求也是关注于消费者，主要通过调查和设计过程确定；技术目标则关注于知识产权，是由工程和机械制造决定的。将这三方面进行整合，能产生新的设计机会点。（图2-21）

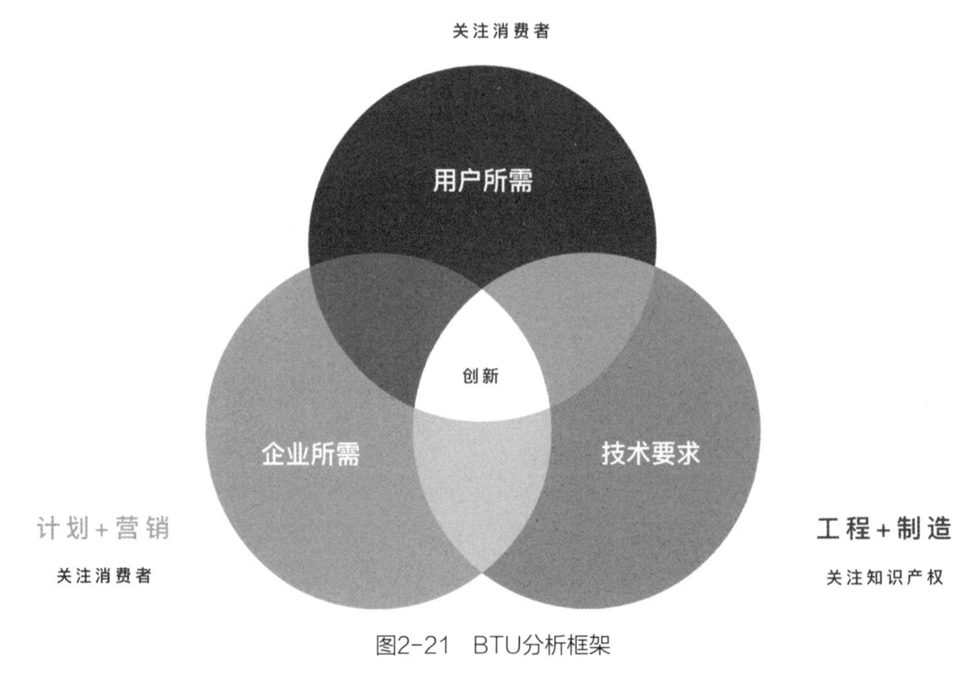

图2-21　BTU分析框架

2. 作用

正如前文所述，在整合创新中不仅要考虑用户、商业，还要考虑技术。而BTU能够为我们提供一个可以综合几个要素进行考虑的框架，使我们可以综合用户研究的结果、商业分析的结果、技术条件来寻找合适的创新机会。

3. 案例

图2-22所示案例中，设计团队使用BTU框架对女性职业病与亚健康相关情况进行分析，从用户、企业和技术这三方面进行需求阐述，最终聚焦设计创新，从而有助于产出设计方案。在这个案例中，用户部分总结了女性职业现状与亚健康需求，包括希望产品温暖、美观，提供实时监测和个人管理，符合生活习惯等；在商业部分，提出了商业着力点，包括个性化服务、优化服务流程等；在技术部分，总结了可以采用的技术，包括大数据、云计算、物联网等。设计团队整合各个部分的诉求，提出了最终的设计目标，同时将智能硬件整合到日常健康服务系统中，对用户进行全面的检测、分析，评估，及时向用户反映其身体健康的状况。

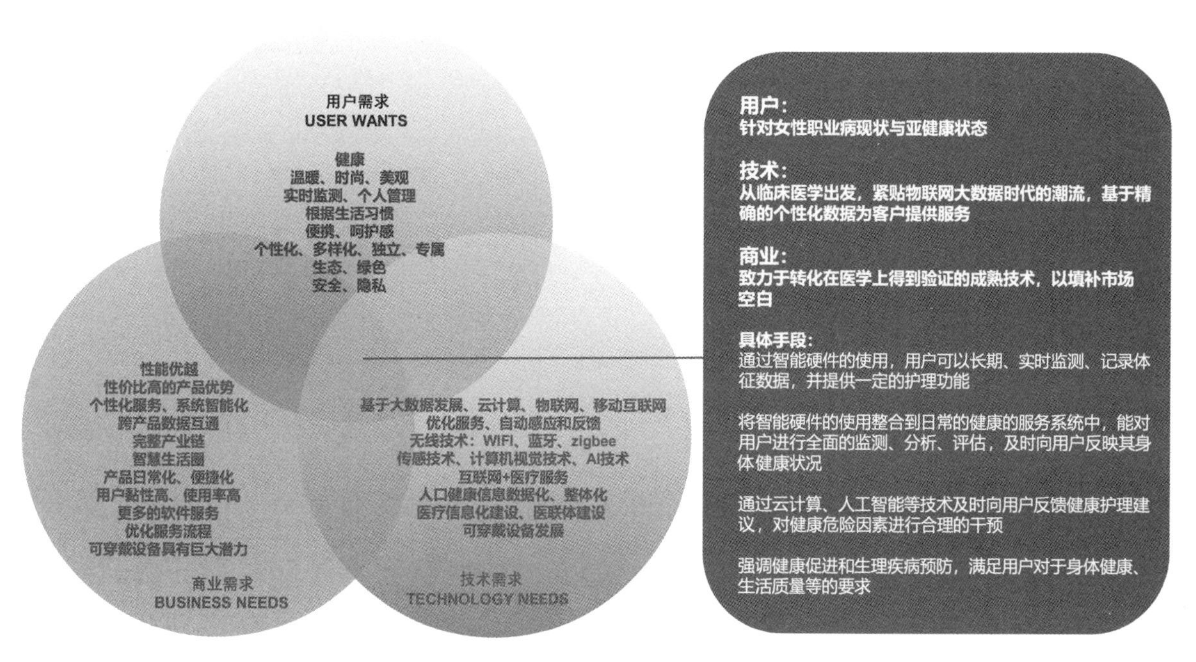

图2-22　女性职业病与亚健康相关情况

整合创新设计方法汇总卡片

第三章

整合创新设计的流程

本章简介

设计流程在实践中往往是充满变化的，为了帮助同学们更好地了解和掌握设计流程，本章将首先介绍几种常见的、简化的线性设计流程模型。同时为了帮助同学们形成对整合创新设计流程的理解，还将介绍几位学者关于设计流程的一些观点。

第一节　线性设计流程

一、IDEO设计流程

IDEO是一家全球知名设计公司。为了方便没有设计基础的人也可以参与到设计过程中，IDEO提炼出了一种设计思维流程。在这个流程中，包含了用户研究、定义问题、形成概念、制作原型、测试五个阶段。（图3-1）

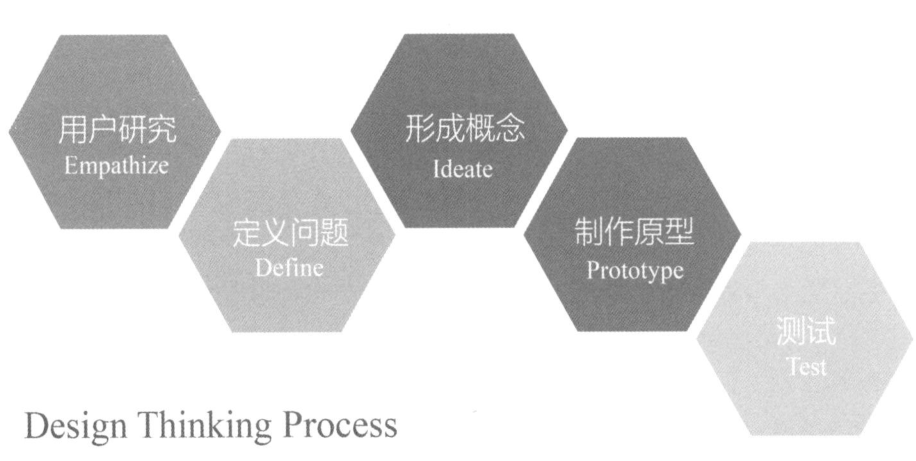

图3-1　IDEO设计流程

1. 用户研究

IDEO认为：无论哪种产品，其设计开发流程总是由了解用户开始，只有专注聆听用户的故事和个人体验，悉心观察用户的行为，才能揭示他们隐藏的需求和渴望，并以此为灵感踏上设计之旅。IDEO将这样的思维方式同样运用于产品之外领域的创新，无论是服务、界面、体验、空间还是企业转型。在这样的设计思维的引导下，IDEO始终将用户放在首位，设计师们深入理解用户的感受，探索他们的潜在需求是IDEO创新的关键所在。

抱有同理心非常重要，IDEO不希望设计只是从设计师的角度去创新，而是希望站在用户的立场上，切实体会他们经历的事情、知晓他们会做出的行为，从而更好地启发设计。

每个人都有不同的生活经历，IDEO反对设计师替用户做决定，而是鼓励设计师去体验用户所经历的。这样的行为是发掘设计灵感的好方法。拥抱同理心并不只是去问问用户他们需要什么，而是要观察用户的行为，或者站在用户的立场上，与用户一起去体验他们所实际在做的一些事情，从而挖掘出用户更深层次的需求。

2. 定义问题

经过上一阶段对用户行为的观察后，如何将散落的点串联起来？如何从用户身上获得更多洞察？这就需要具备归纳式与发散式的思维，也就是分析与综合的能力。分析能力能够将复杂问题分解开来，从而便于设计师对其有更深刻的了解。然而，创造过程依赖于综合能力，即把各个部分整合在一起而创造出完整想法的能力。

3. 形成概念

在形成概念阶段，要做到以下几点：以开放方式态度迎接挑战，愿意接受新方案，对冒险宽容；保持乐观的心态，相信自己及团队能够创造好的设计；善用头脑风暴，暂缓评论、异想天开；善用视觉思维，积累选项；由发散转向归纳阶段，巧用便利贴。

4. 制作原型

IDEO认为，为了快速达到某个完美的设计目标，必须先放慢速度，即通过将想法制成模型的方法来避免出现代价惨重的错误，从而继续迭代前进。模型的制作不求精致，但求快速。对于不同的设计目标，模型的形式有很多种。

在服务创新设计中，模型可以是“角色扮演”的形式。设计团队可以身临其境地演示潜在的想法，以便改进，也可以利用网络进行虚拟模型制作，然后从消费者那里了解到相关的反馈。

对于产品创新设计而言，模型可以是具体化的产品和服务。这样可以更好地与消费者互动，从而获取灵感。对于任何一个设计公司来说，建模是设计基本且重要的环节。建模贯穿在整个设计项目的过程中，能够把实体的、具象的东西放在消费者面前，从而激发他们的感受，获取他们最切实的反馈意见。建模不只是做个模型来体现外观，还会考虑如何通过它实际的功能来跟消费者互动。

5. 测试

在IDEO看来，拥有好的想法只成功了一小半，还需要后续强劲的执行力。因此IDEO鼓励用户参与测试，并且非常重视用户的体验设计。他们运用“观察—计划—执行—改进—交流”的方法，对产品的用户体验不断改进。

二、ViP设计流程

ViP（Vision in Product design）设计流程即 ViP设计法则所对应的流程。ViP设计法则是以情境为驱动、以交互为中心的设计方法，它引导设计师关注产品与用户的关系，鼓励设计师放眼未来，帮助设计师设计出有价值、有意义、有灵魂的产品。

1. 基本原则

ViP设计法则是基于以下三项基本原则（也可称之为出发点）提出的：

①设计师的职责是寻找未来的可能性以及可能的未来，而不是简单地解决眼前的问题。

②产品是实现或发展出交互（关系）的一种方式、一个媒介。人与产品的交互赋予产品意义，因此我们认为ViP设计法则是以交互为中心的设计方法。

③交互所处的情境，决定了设计师对一个交互是否有恰当的判断。这些情境可以是今天的，也可以是明天的，甚至可以是未来许多年后的。未来的情境可能催生新的交互关系和产品，因此ViP设计法则又是情境驱动的。

三层模型描绘了ViP设计法则看待产品及一切人造对象的独特视角。倒U形的左半边反映了目前的状态：此时世界的样子。从左半边底部往上到达模型顶端的过程称为解构阶段（或预习阶段）。在这个阶段，设计师将尝试理解人们熟悉的产品背后的设计理由：从习惯思考“是什么”变为思考“为什么”。（图3-2）

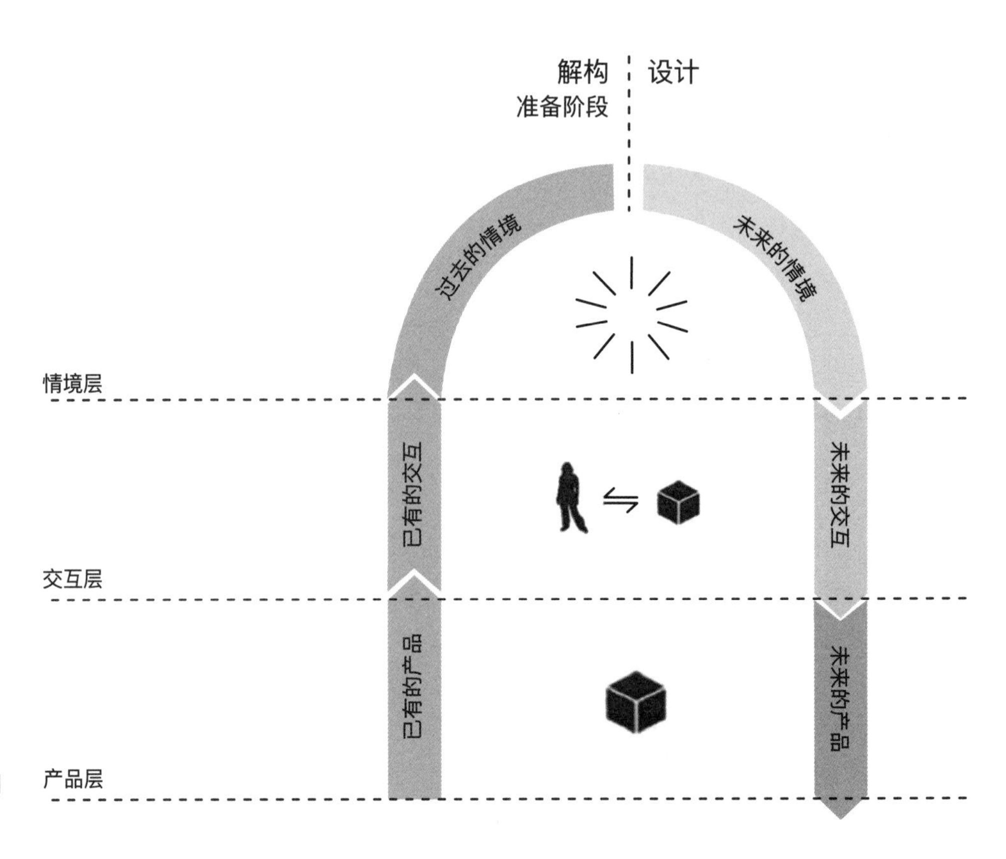

图3-2 ViP设计法则三层模型

ViP设计法则循序渐进地引导设计师合理预见未来世界，预见的内容包括声明、交互方式、产品特质。声明决定了理想的交互方式。然后预见转化为一系列的产品特征，使得这些产品特征可以被用户精准地感知、使用和体验，进而指导设计概念的发展。

2. 优势

①ViP设计法则预见和决定了实现设计所需的技术，如果这项技术还不存在，那么设计师必须想办法克服，可以自己发明创造，也可以寻找合适的技术供应商来提供或发明创造。与尝试将已有的技术应用在设计上（技术驱动创新）的思维不同，预见可以很清楚地告诉设计师，是否需要发明一项新技术去实现某项设计特征（设计驱动创新）。

②ViP设计法则能够指引设计师借助预见决定哪些要素是必不可少的，哪些要素是不需要的。因为预见，设计师可以很容易地决定要素的取舍。

③设计师使用ViP设计法则，可以不需要构思大量的备选方案。因为预见已经清晰地指出要设计什么。在预见里，每个设计类别的特征和细节都要被详细地描述出来，每个设计类别下的每个部件都要列出来并进行设计。最后，要将这些设计类别整合起来，展现出“角色扮演导师”的产品特征。

④ViP设计法则还有适应性的优势。这意味着，即使客户或公司调整了设计要求，或者因为环境变化要求设计作出调整，预见的指引作用也可以使得设计师不用花太多功夫便能调整设计，直至满足要求。

3. 解构

在动手设计之前，设计师很有必要参考已有的产品。这个过程叫做解构，或者说是预习、准备。解构是对已有产品进行分析，其重点在于思考为什么会有这样的设计。

解构时，首先可以从产品层面描述已有产品。产品层面的描述包括产品的硬件特征（比如底端有卡扣，是金属材质的）和产品展现的内部特质（比如温暖、可爱、复杂、安全、友善、柔和、亲切、可靠等）。产品展现的内部特质，不仅指它的使用方式、用途，也指它的喻义，比如它能唤起什么样的联想、它看起来有什么样的“个性”，等等。人们使用产品的交互和体验，很大程度上就是由这些特质决定的。

4. 设计步骤

解构完成之后，便进入了设计阶段。整个设计阶段可以分为8个简单的步骤，这些步骤能够协助设计师完成从情境到交互，再到设计的过程。

（1）定义设计范畴

为了评估运用ViP设计法则时的所见所思，首先需要定义一个设计范畴。所有ViP设计法则的流程必须从定义设计范畴开始，而这个设计范畴指的就是设计师希望有所贡献的领域或范围。

通常，设计范畴的定义应该尽可能宽泛，最好不要预设设计任务的目标用户，除非设计范畴内的用户群体有着明确的特征，比如婴儿推车的用户群只有家长，而家长便有着较为明确的特征。

在定义设计范畴的同时，还要考虑和估计设计期限。除了了解产品的上市期限，还要考虑各种社会、科技、文化等方面的种种因素，这些因素都会影响设计时间的安排与计划。事实上，设计师进入下面第二步后，对设计期限的预估会变得更加明确。

（2）收集情境因素

定义情境从收集和制作因素开始，这里的因素包括我们的观察、想法、意见、理论、定律、信仰等。通常，因素是对看到现象的中立描述，它们不应包含道德上的评判，也不应涉及设计师个人价值观、世界观的立场。尽管如此，因素的选择还是可能在很大程度上受到设计师个人的影响。而对于这些影响，我们可以在情境定义好后，再决定如何回应它。

①因素的来源：因素的来源很广，既可能来自身边朋友的想法、同事和专家的意见，也可能来自报纸、网络、图书、电影、杂志等任何渠道。因素可以是大多数人承认的事实，也可以是极具争议的现象。因素并不直接说明最终产品是什么样子的或具备什么样的功能（在这个阶段，产品概念还没有形成），但他们都在不同程度上指向（可能的）解决方案。

②因素的选择：在众多因素之中，我们需要做出正确的选择。有些负面条件，我们可以看作是义工要求或限制条件，而非因素。类似这样的限制条件还包括各种法律法规、现有生产条件、人体工学结论等。可以在设计之初就把这些限制条件列出来放在一边。

选择因素时，需要考虑以下几点。

首先，因素必须与设计范畴相关。大多数时候，因素和设计范畴的相关性并不那么明显，但我们可以凭借直觉确定一个因素是否可以让我们从新的角度理解设计范畴。如果可以，就先留下这个因素，之后再尝试解释为什么这个因素是相关的。

其次，我们选择的因素必须是自己认为有意思的，能让自己激动的，能让自己觉得自己正在尝试一些最前沿的东西。

最后，是否保留某个因素，还要看它的原创性。ViP设计法则高度重视原创性，这代表着革新和对未来的探索。注重收集原创性的因素，能极大地提升解决方案的创意性和新颖性。不过，除了原创性，也要注意这个因素是否是合适的。

③因素的形式：通常，我们脑海中最初浮现的因素不一定具有合适的形式，需要花时间进行调整和组织，才能让它完全表达出我们的想法。因此，要善于向自己提问，时常询问自己是什么样的原因引发了这样的因素（发展或趋势）？找出因素背后的原理或原则，或许比因素本身更有意义，更值得放到情境里。

④因素的数量和种类：收集到某个因素并不代表情境已经构建好了，构建情境需要多个因素的组合，这就要求因素的数量和种类必须多样。因此在进入下一步前，还要检查收集的因素数量和种类是否具有多样性。

（3）构建情境

①因素的分类：构建情境要实现连贯统一的结构，一般来说，令人满意的情境不仅能容纳多种多样的因素，还能展示出因素之间的联系。如果因素超过十个，首先需要考虑将因素分类。

通常，可将因素分为普通类和新兴类。普通类是指向同一方向的因素，它们能共同形成一个大因素。新兴类是指看似不相关的因素，将这些因素放在一起后，能让一个全新的因素浮现出来，而且这些不相关的新因素无法从单个因素中推导出来。

有些因素和其他因素毫不相关，可以将其归为一个独立的类别或者选择放弃。虽然ViP设计法则没有明确要求划分多少个类别，但总的指导原则是通过分类减少因素的数量，同时又不能丢失因素的多样性和差异性。

②因素的组合方式：分类完成后，就可以开始探究分类（大因素）之间的联系。分类可能会指向同一方向，也可能会相互冲突，有些分类可能还会形成因果关系。像基本因素一样，大因素也可以进一步进行组合。常见的组合方式有纬度和格局（故事线）两种。（图3-3）

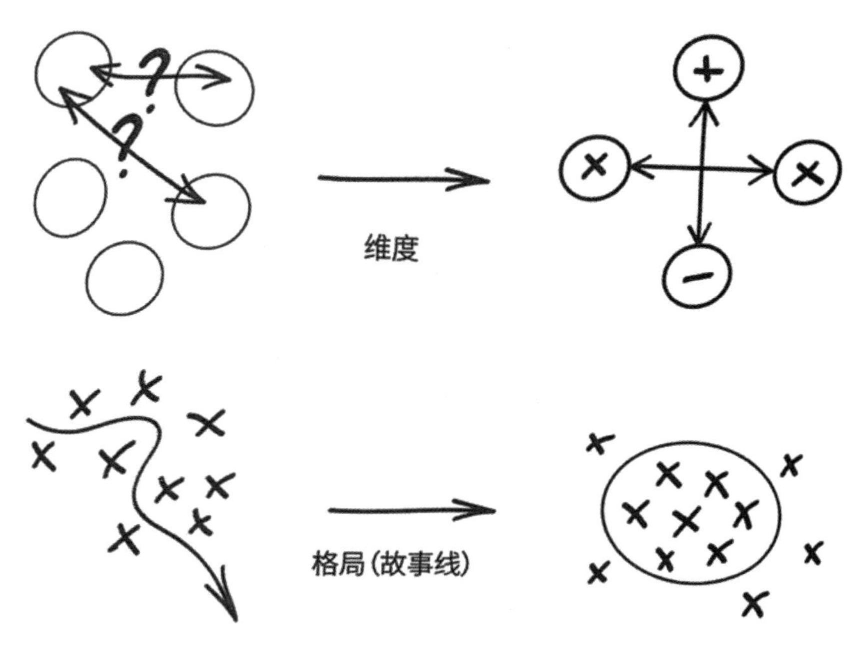

图3-3　维度与格局

如果某两个大因素之间存在冲突和对立，则可以将它们作为一个维度的两级，分别代表不同的未来方向。有时，也许需要两个以上的维度才能安置所有的大因素，但一般建议两个维度，因为这样更有利于展示。

从全局的角度看，大因素中也许会存在一些格局（故事线），它们将大因素连成一个故事。这些故事也许最终会形成主题，就像电影和歌曲那样，有一条贯穿的主旋律。

（4）定义声明

①定义声明的原因：设计师在设计中会不可避免的加入自己的立场，很难做到完全客观中立。设计师个人的价值观、信仰、道德观念在很大程度上决定了做什么和不做什么。因此，为了使设计师明确自己的价值观和信仰、意识到自己为什么要选择某一立场、认识到该立场会对设计带来什么影响，应让其定义一个明确的声明。

②定义声明的形式。声明可以用这样的形式来呈现：我（设计师）或我们（公司）希望人们（通过A或者B）感受到（看到、表达、体验、了解、做到）X或Y。在收集、生成情境因素的过程里，我们已经做了很多个人的、体现自身立场的决定，比如保留哪些因素、对因素进行何种分类，等等。而定义声明是我们表明立场、表述态度的时刻。

③定义声明的要求：首先，声明应从情境出发；其次，声明应指出新机遇。即在未确定产品具体形态和功能的情况下，指出设计方向和最终目标；再次，声明要适度，不能太宽泛，也不能太具体。因此，声明可能往往需要反复修改，多加实践；最

后，声明应是可以实现的，不应过于宏伟而无法实现。此外，声明应该能够激发我们设计出与其相符的方案。不过在设计出那样的方案之前，还需要一些步骤。

④定义声明的方法：要保证声明和声明的目标符合客户或公司的策略，最妥当的做法是让客户参与定义声明，使客户了解我们构建的情境，一起做出回应。（图3-4）

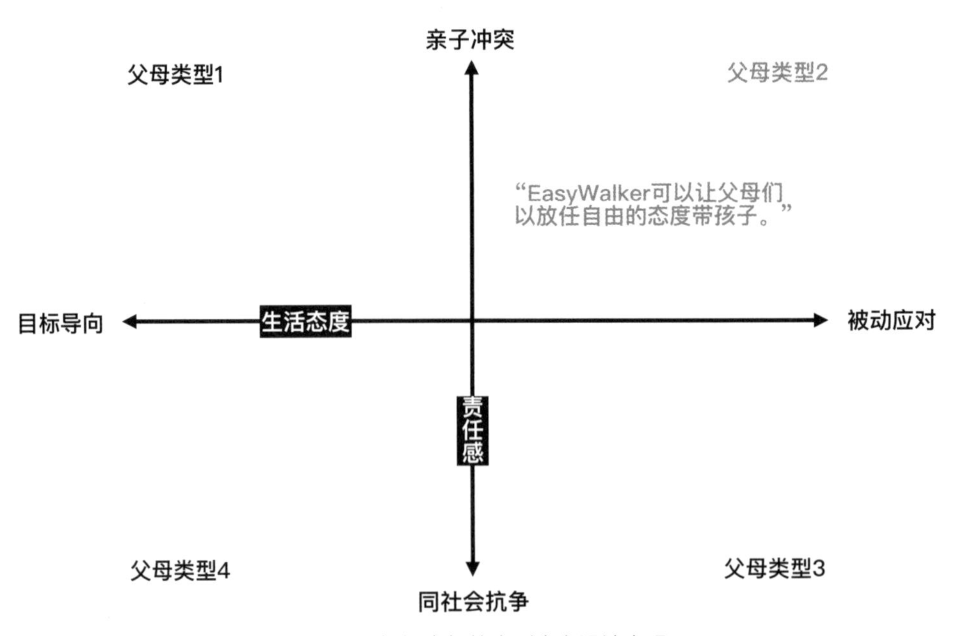

图3-4　根据家长的类型定义设计声明

（5）设计用户与产品的交互关系

产品的意义只能从用户与产品的互动中产生，因此ViP设计法则的核心在于理解什么样的交互关系适合我们的情境，其设计的关键就是找到这种合适的交互方式。在这一步里，我们不需要考虑产品的最终形态，而需要想象用户与产品之间的关系，以此来感受这个产品、这个设计是否有意义，有什么样的意义。设计用户与产品的交互关系，而不是直接设计解决方案，这是为了防止结果只表面上满足声明的目标。

设计用户与产品的交互关系是ViP设计流程中最难的一步：选定一种交互方式，使之满足声明中提出的理想设计目标。交互方式是连接情境与产品的纽带，它将二者联系在一起，只有阐明交互方式，我们才能明白最终的设计如何与情境匹配。交互方式不仅体现了用户的关注点、需求、期望以及与之匹配的产品特质，也定义了产品的使用方式及使用体验，还展现了用户与产品的关系所体现出的价值和意义。

①交互方式的设计方法。

沉浸直觉和寻找类比两种方法能够帮助设计师找到最有效和最有意义的交互方式。

沉浸直觉即设想自己沉浸在情境中，在保持情境与设计声明的一致性下，通过审视潜意识，靠直觉捕捉脑中的想法。交互的形式可以用文字、图像、电影、手绘等多种方式表达。首先，可以选定交互特质，比如“平静”的交互特质。为了满足声明的目标，可以进一步思考这是哪种形式的“平静”：是被迫的平静、感觉上的平静，还是思维的平静？如果这个特质不合理或者不能满足目标，就要尝试从其他方向来发掘理想的交互特质。

寻找类比即在其他领域寻找类似的情形。类比可以帮助我们从新鲜的视角定义交互方式。类比情形可以是人与产品（人造物品）之间的互动，也可以是人与人之间的互动。我们要寻找能够将无价值的、熟悉的、不便利的特质转化为有意义的、有特别价值的特质的情形。除了捕捉状态转化的特点外，同时也要注意适合做类比的情形应当是能产生持续的价值感的，因为这样才能保证声明的要求是从一种状态（感到无价值）转化为另一种状态（感到有价值）。

②交互方式的表达工具。

一般来说，最常用的捕捉和表达交互方式的工具是语言。用语言定义交互方式往往像一场文字游戏。

在选定设计范畴后，我们可以从声明中提取交互特质，并将其作为产品与用户之间的关系。也就是说，我们可以通过确认合适的关系来确认合适的特质。如果对交互特质不够满意，可以试着做进一步的细化，比如增加一两个词语。最后，用来描述交互方式的特质也许不止一种，如果无法顾及所有元素，可以挑选一个最具概括性的特质。

在项目之初，我们可能就会出现一些当时无法用言语和画面清楚表达的感觉，通过回忆这些感觉，可以引导我们找到合适的交互方式。因此，优化交互关系的过程就像在反复地做实验和游戏。交互特质没有好坏之分，只要我们能够解释交互关系为什么能实现声明的目标即可。我们必须诚实地面对自己的声明。（图3-5）

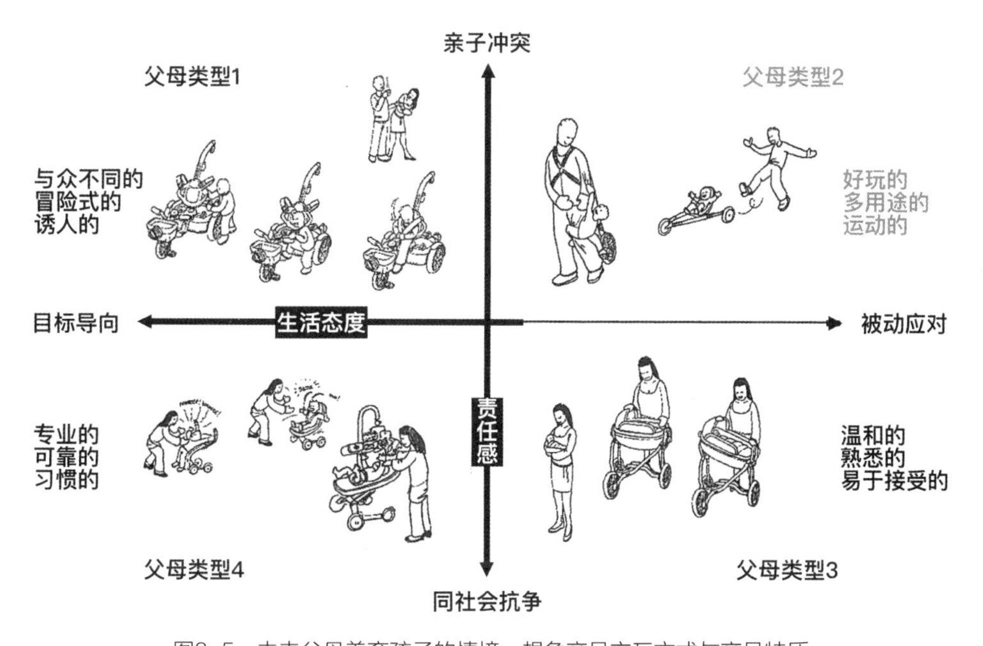

图3-5　未来父母养育孩子的情境：想象产品交互方式与产品特质

对人们的需求、愿望、困惑、苦恼的观察，会带来一些见解。基于见解，我们可以对声明和交互关系进行定义。声明说明了产品会给人们带来什么，交互关系表示了如何实现，这两者间接地决定了产品的受众，因此也可以说用户是被设计目标和交互关系吸引而来的。而为了实现这样的交互关系，产品必须具备一系列的特质，如何定义这些特质正是下一步的主题。（图3-6）

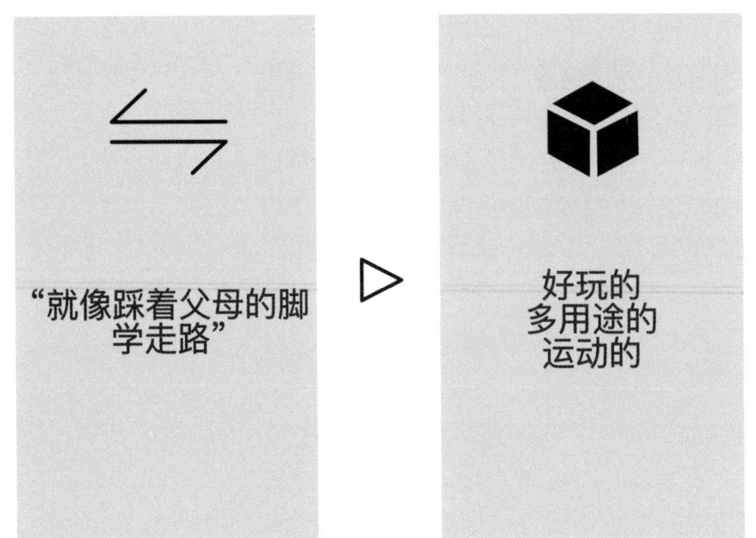

图3-6　从预见的交互特质到产品特质的转化

（6）定义产品特质

产品必须具有一定的特质，才能让用户以我们预想的方式体验或使用产品。因此，定义产品特质是连接交互关系与产品的重要一环。定义产品特质后，我们虽然还不清楚会设计出什么样的产品，但这会帮我们对产品定性，帮我们更好地理解产品（不涉及产品的具体特征和性能）。

①定义产品特质的原则。

为了使产品特质符合交互关系的要求，我们要从全局出发，通过考虑情境因素、情境结构、声明等来理解交互关系。这是第一原则。

产品特质还要保证交互关系的实现，这是第二原则。我们可以把交互关系想象成人与人之间的关系。也许你和伙伴的“交互特质”是包容的，这是因为你的伙伴有谅解、开放、通融的性格（特质），正因为具备了这样的特质，特定的交互关系才能实现。

②产品特质的分类。

产品特质分为两类，一类是产品自身的特性，另一类是产品的使用特性。

产品自身的特性，即产品的“性格”或给人的印象，比如开放、倔强、内疚等。这些词描述的是产品在整体上给人的印象和特点，而不是产品的具体物理属性。这些“性格”应由交互过程决定，吸引着用户与产品交互。寻找合适的产品特性，可以基于对交互过程的描述和再联想而确定。这里也可以使用类比的方法，将交互过程具体化为拥有同种关系的事物（比如如果交互关系是强势、不妥协的，可以类比市政管理部门与违章占地者之间的关系），从而帮助我们推理出恰当的产品特性，挖掘产品的潜在特性。

除了吸引用户与之交互，产品还能暗示用户如何使用它，表现出自身的使用特性。产品的暗示与产品自身的特性有关。以“强势不妥协”的交互为例，如果产品自身的特性可以用权威、权力、势不可当形容，那么产品的使用特性也许可以用严格、不可动摇来形容。

这两种产品特性在产品的体验中是相互关联、共同发挥作用的，用户通常把它们作为一个整体来看待。如果产品之间存在太多冲突，用户也许会因此感到困惑。当然，这样的困惑也可以是设计的目标。

特别要注意的是，如果我们得出的产品特质和已有的产品特质一样，即使我们很认真地定义和选择产品特质，也会出现我们会无意中参考以前见过的产品的可能性。因此，我们要时刻注意做“原创性检查”，即如果描述的情境是原创的，交互过程也是原创的，那么产品特质也应该是原创的。

（7）概念设计

接下来，我们需要借助某种方式把产品特质传达出来、转化为产品的物理特征，将产品特质转化为设计概念。

设计概念虽然还不是产品的最终呈现，但它决定了以下几个方面：产品如何发挥作用？它包含哪些主要的部件或元素？用户如何使用、携带、操作产品？产品具有哪些可感知的特性（声音、形状、颜色、味道、手感等）？以及这些元素最后是如何整合和组织在一起的？这些问题大多数能用物理方案解决，有时也能用非物理的方案解决，但是有些也许只能用特定的方案解决。解决方案必须贴合预见。

概念设计将定型特征转化为具备物理特征的对象，决定最终的解决方案是哪种形式，是实物产品还是服务、政策。

①概念的生成。

首先，要构想一个与预见相吻合的概念，这个概念决定了要设计哪种产品、产品能做什么。概念的形式并不固定，有时会从预见中自然地产生，有时会从大脑的潜意识中“灵光一现”，有时可能需要花很长时间去寻找与预见相匹配的概念。不过无论如何，我们都不应盲目，都应明确地向着一个或几个很可能有效的概念推进。我们在建立预见时，已经为生成和评估概念打下了坚实的基础，因此我们可以快速且准确地判断一个概念是否合适。

②概念的设计方法。

有许多方法可以帮助我们根据产品特质构思设计概念。首先，为了让概念的生成变得更容易，我们可以寻找具有相似交互特质和产品特质的活动或者食物做类比。如果类比与预见相匹配，就很容易将它背后的原理运用到我们的设计范畴中来。类比可以说是生成概念的便捷跳板，合适的概念往往会自然地浮现出来。如果这样做后，还是觉得生成概念有困难，不妨试着把目前掌握的内容都画出来，或者请人表演、展现出来，我们需要的概念很可能就在图中。画的时候，可将交互特质、产品使用者、使用者的体验状态及活动、基于情境的使用环境等都画出来，但唯独不包括概念本身。

除此之外，还有两种常见方法。一种是直接构思设计概念。直接构思要求设计师综合运用知识、感觉、直觉以及对设计范畴的理解来得到合适的概念。直接构思可以通过画草图、制作简单的产品原型，或者直接写下产品能够做些什么和怎么做来完成。构思时要牢记声明的目标，并检查设计概念是否能表达既定的交互特质和产品特质。如果达不到要求，就应调整设计。如果调整后仍不奏效，就需要考虑放弃这个设计，再尝试其他概念，直到找到所有产品特性都匹配预见的概念。

另一种方法是反其道而行之。在既定的设计范畴里，设计师首先考虑的是所有能够表现理想产品特质的特征，这些特征将决定采用哪些主要部件。此前，我们为了避免现实世界的各种限制条件影响概念的生成，一直将它们放在一边。而现在到了考虑这些现实条件的时候了。概念设计需要综合考虑预见驱动的特征和现实世界的限制条件，从而构思出协调且个性的产品。

③概念的检验。

概念设计的最后一步，还需要检验我们是否找到了合适的概念。可以通过思考以下问题来检验：

这个概念能匹配预见中的所有元素吗？

这个概念是用最少的设计特征完成了声明的目标吗？

这个概念符合逻辑吗？它会被人们接受甚至喜爱吗？

我们还可以请其他人来帮忙做检验。但这种检验不一定容易，因为概念必须匹配情境，而情境往往处在未来，所以我们需要说服他人想象、营造、接受未来的情境，以保证做判断的人能够理解我们的预见和声明。

经过这两轮检验，我们就可以进入最后一步了。

（8）设计和细化

这一步的目的是将设计概念转化为最终的设计方案，即将设计概念用最纯粹、完整的方式表达出来。一般来说，这一步需要我们用到所有的设计能力和制作能力。

这一步的关键任务是让转化的方案既明确又实用，因此此前不做考虑的限制条件都必须在细化过程中加以考虑。ViP设计法则有一个特别之处，即强调预见在设计和细化中的决定性作用。依据预见和概念制定设计决策时，可能出现额外的设计要求，这些要求也应该被作为限制条件来考虑。通常，随着项目的推进和深入，整个方案的复杂性和各种限制的联系会逐渐显现出来，所以限制列表会越来越长。

三、金字塔设计流程

金字塔设计流程分为四个阶段：发现阶段，包括机会发现和概念发散；设计阶段，包括概念定义和产品设计；发展阶段，包括机电发散和部件文件；部署阶段，包括试点部署和产品输出。（图3-7）

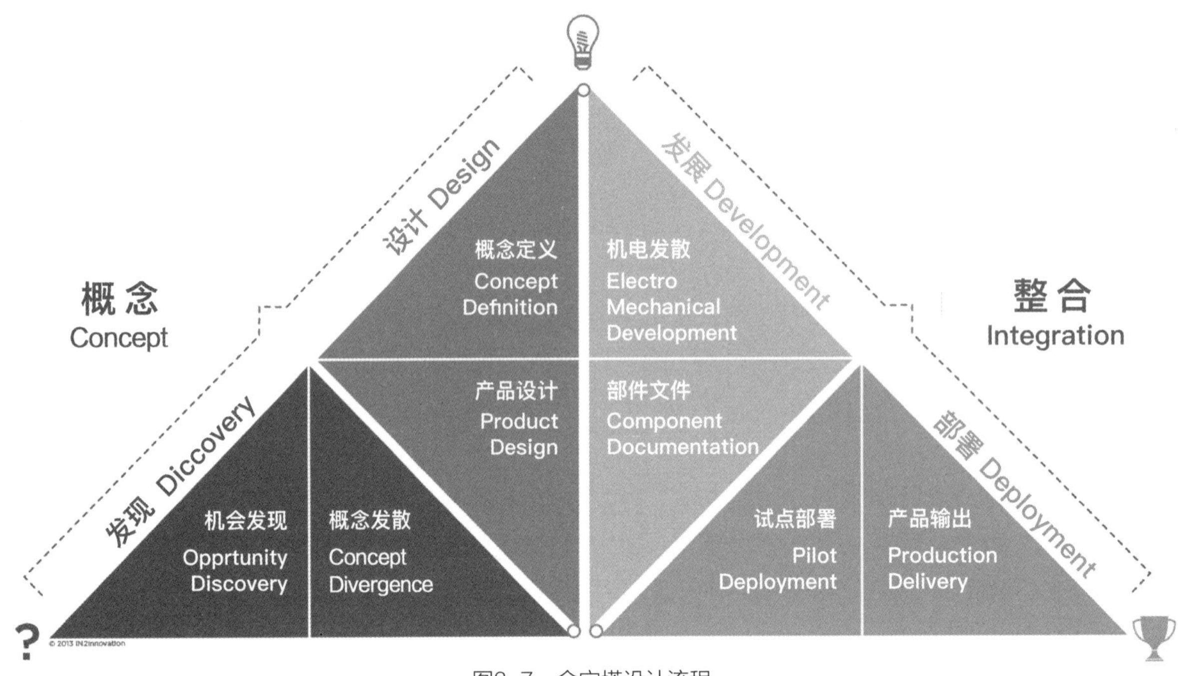

图3-7　金字塔设计流程

下面以一个真实的项目为例来解释金字塔设计流程。

1. 项目启动（指南）

项目启动后，所有相关人员聚集在一起，通过会议探讨的形式，列出设计指南清单、给出具体工作的相关信息，并且列出预期项目时间表。在该阶段，最终会确定主要联系人及联系方式，同时确定记录产品的具体要求。

输出可能包括：设计简介问卷/文件、计划会议、设计指南清单、BTU审核分析（业务/技术/用户）、问题清单。（表3-1、图3-8）

表3-1　设计指南清单

VuRyte – O Scapes： 工作区组织项目					已完成 紧急待做 即将要做 需要的信息	
Issues List v.2						
Issue #	组成	事件	负责人	截止日期	状态评价	颜色
001	战略目标/任务	创造一个新的桌面组织创新产品/系统平台	TR	28-Sep	参见初始营销规范手册	
002		解决方案应当独立并且作为一个系统产出	TR	28-Sep	参见初始营销规范手册	
003	商业问题	目标零售价格?	TR	12-Oct	$14.99~29.99	
004		谁是目标用户/消费者/环境?	TR	12-Oct	SOHO，公司办公区，小型企业	
005		产品将会在哪里/怎样出售?	TR	12-Oct	线上（直接出货），大卖场	
006		产品将会在哪里制造加工?	DB	19-Oct	美国，中国	
007		竞争者/竞品是谁?	TR	12-Oct	参见初始营销规范手册	
008		美国将会是唯一出售地吗?	TR	12-Oct	美国，欧洲（英国等）	
009		你定义过什么具体产品吗?	TR	12-Oct	参见初始营销规范手册	
010	技术问题	你的制造商的能力有什么?	TR	12-Oct	塑料—注塑成型/热成型	
011					金属板/铝—冲压	
012					塑料/金属—制造	
013		哪些类型的材料可以被使用或加工?	DB	12-Oct	塑料，金属，铝	
014		每年的产量是多少?	DB	12-Oct	待定	
015		产品/系统的生命周期是多少?	DB	12-Oct	待定	
016		任何电子设备都可以实现吗（液晶显示器\发光二极管)	DB	19-Oct	可能实现，但成本昂贵?	
017		零部件是否易于回收利用/可持续?	TR	12-Oct	是的	
018	用户问题	谁是最终目标用户?	AC	28-Sep	个人购买者	
019		这些将在什么环境下使用?	AC	28-Sep	SOHO，公司办公区，小型企业	
020		你有什么特殊的人口统计信息/目标吗?	TR	28-Sep	参见初始营销规范手册	
021	包装	产品如何包装（扁平包装/盒装/翻盖装）?	TR/DB	19-Oct	待定	
022		你有必须遵守的企业品牌指导方针吗?	TR	12-Oct	没有	
023		产品上需要呈现一个logo或者品牌形象吗?	TR/AC	28-Sep	待定	

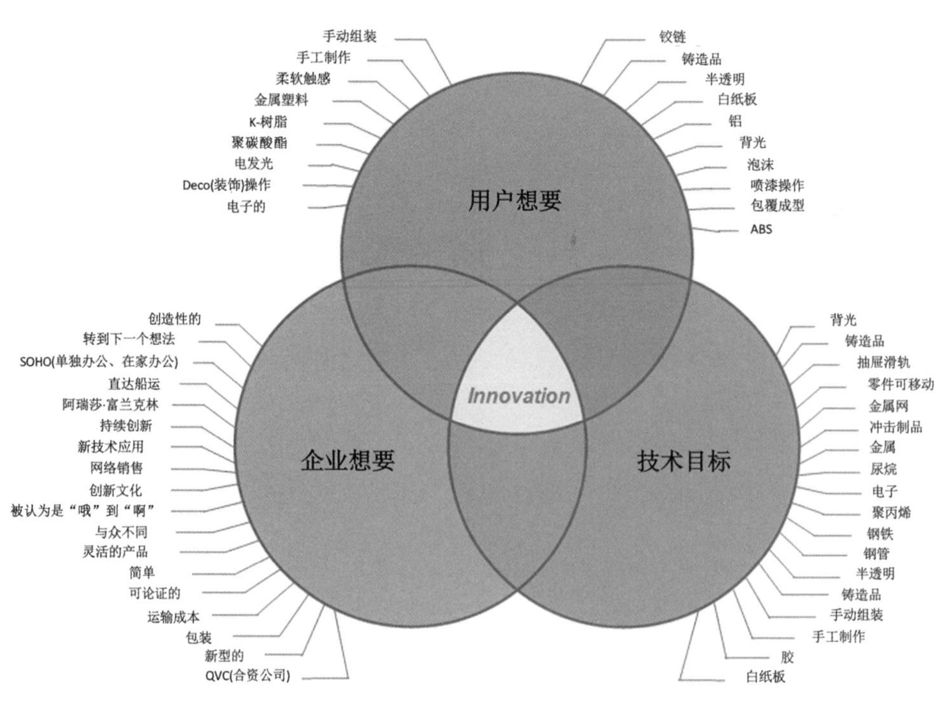

图3-8 BTU审核分析

2. 数据收集（分析）

首先，要确定企业的战略目标、审查营销计划、产品目标，确定成本目标和制约因素；其次，要确保技术成分、讨论知识产权目标、制造技术可以实现；最后，要对最终用户进行角色描述，确定用户信息，并评估相关竞争或相邻产品。（图3-9）

杂志架

文件盒

纸张夹

桌面分类产品

桌面整理产品

电器连接整理产品

图3-9 产品类别分析

输出可能包括：基于网络的研究、零售环境分析、品牌属性矩阵、竞争分析、样品或材料采购、趋势或生活方式的识别、用户画像。（图3-10）

图3-10　用户画像

3. 观察研究

潜入消费者的生活环境中，对该空间进行无声观察，并进行评估。评估时，采用“用户观察截取”的研究方法，目标是通过抽样调查实际照片的方法来获得定性结论，这些照片故事信息描述了实际用户环境中的场景。最后，结合研究结果来评估市场相关产品。输出可能包括：人种学研究、用户拦截、用户访谈、用户调查表。（图3-11）

4. 聚类分析

将收集到的数据集中梳理，形成框架后进行聚类分析，寻找设计可能的切入点，以供设计团队进行深入的“头脑风暴”活动。输出可能包括：分析沉浸式活动、场景开发、机会空间、用户档案、初步设想清单、团队头脑风暴、故事板、用户交互接触点、任务分析或规划、设计风格板或矩阵。（图3-12）

图3-11　人种学研究

图3-12　头脑风暴活动

5. 创意草图

举行头脑风暴会议，以确定合适的机会空间，寻找潜在的想法。创意将在“缩略图”中产生，以捕捉各种意图、期望的功能或使用场景。在与客户共同审查后，对所提出的想法进行细化。根据客户的反馈，将新想法细化为场景图。输出可能包括：团队头脑风暴图、白板构思、创意缩略图。(图3-13、图3-14)

6. 可行性测试

研究团队带着草图，开始在各种使用环境中对潜在用户进行访谈，用“受访者可行性测试 ”的研究策略来验证创意的受欢迎程度。统计收集照片和投票信息，以充分了解最终用户对创意的真正接受程度。输出可能包括：受访者评估、功能验证、用户调查。(图3-15)

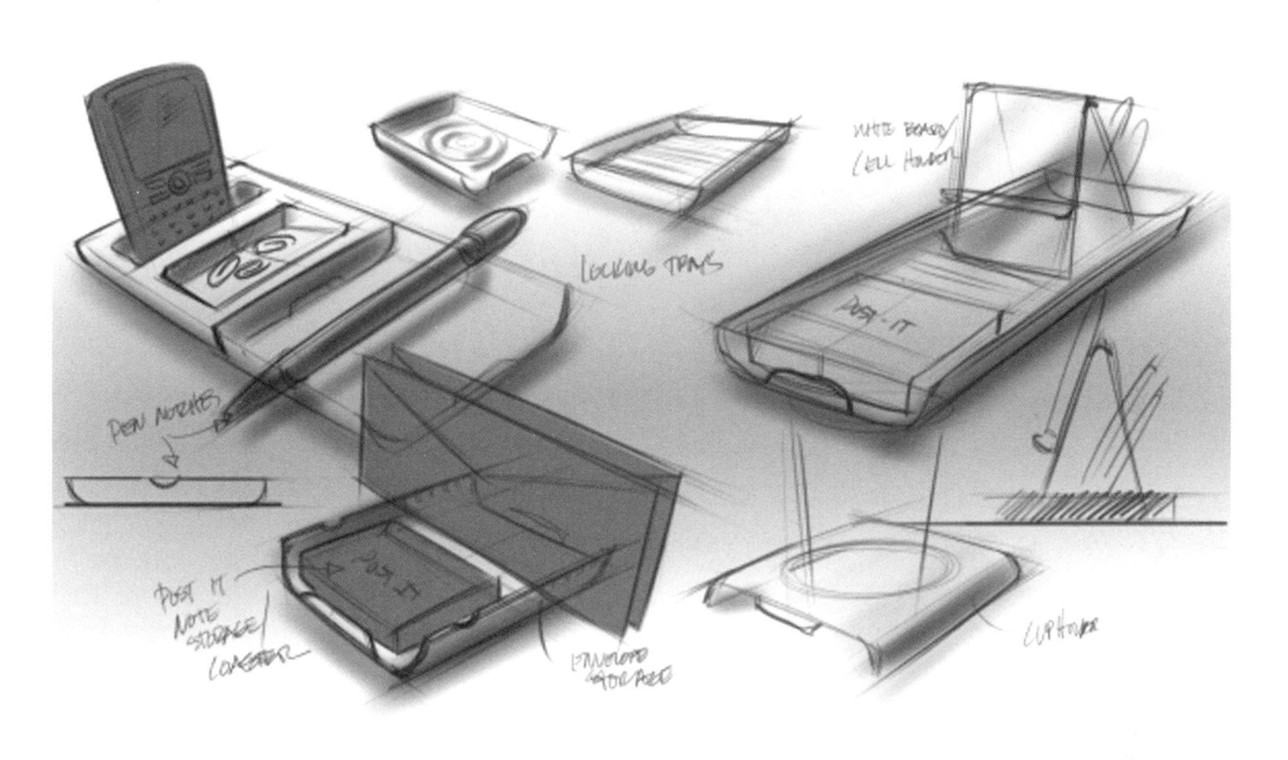

图3-13　创意草图

图3-14　初步物理模型

图3-15　用户测试

7. 概念设计

整合针对不同设计部件的概念发散，生成最终概念方案，同时制作效果图来描述概念方案的具体特征。输出可能包括：概念转换草图、概念细化草图。（图3-16）

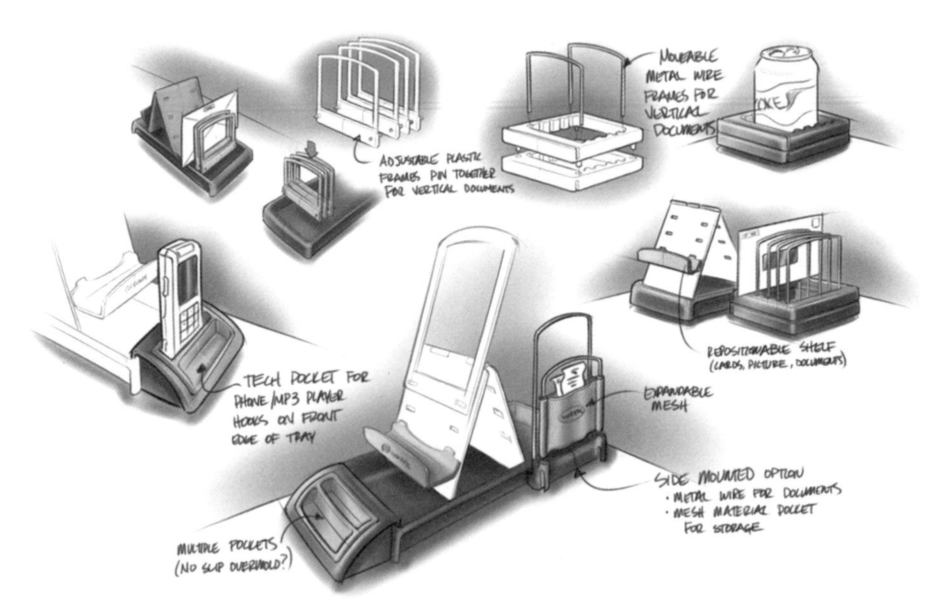

图3-16　概念细化草图

8. 基本功能模型

随着概念方案的出现，通过解决使产品能够运行的组件和部件，进一步评估问题和要求。运用虚拟建模软件或制作实际比例模型来确定所有部件及其排布管理方式。这个模型将展示新的产品方向。输出可能包括：基本产品架构、组件识别、组成部分安排、总体尺寸/比例、概念性机械功能、粗略的CAD模型（虚拟）、纸/泡沫芯模型（实物）。（图3-17、图3-18）

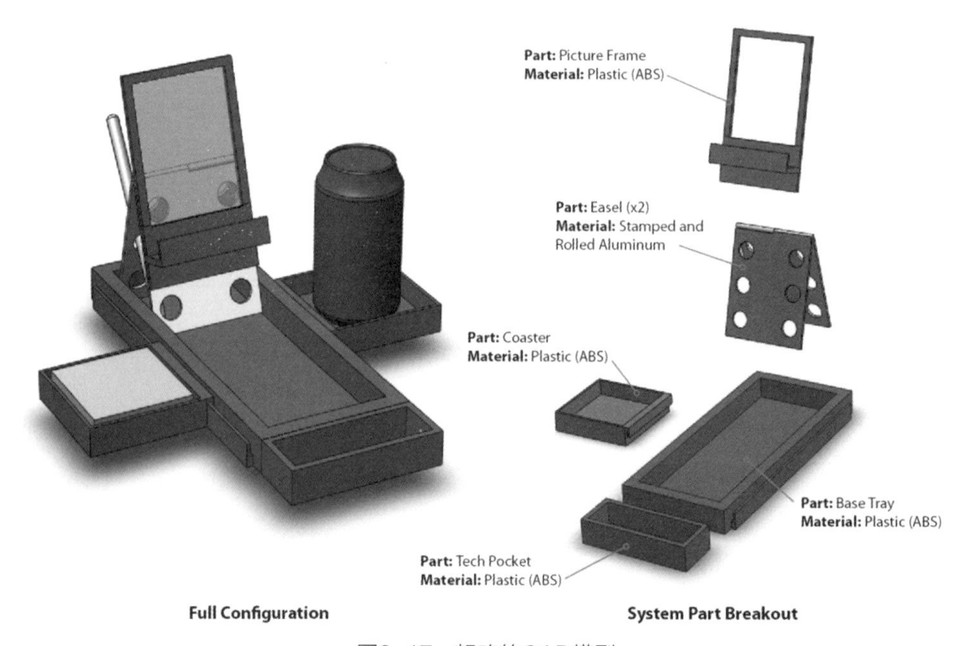

图3-17　粗略的CAD模型

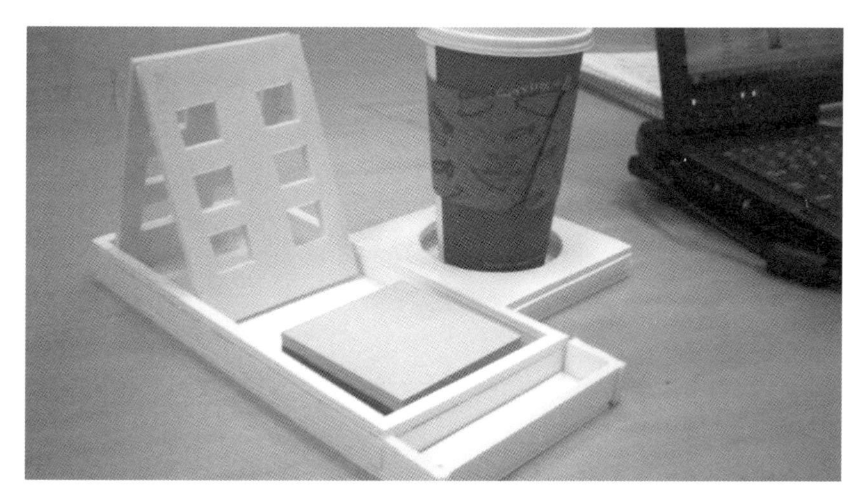

图3-18 初始实物模型

9. 产品规格

创建一个产品规格的信息文件，定义需要捕捉的主要因素，以便正确部署团队，进一步设计和开发产品。输出可能包括：更新的设计指南、客户的营销规格、BTU回顾、初步的C/M/F（颜色/材料/饰面）、初步费用估计（供应商）。（表3-2）

表3-2 产品规格指南

价格目标	类别：VURyte工作区项目	9.00" H×18.5" W×11.50" D (HxWxD) 备注：这些代表着一个完整的产品组装			
零售目标：$14.99~24.99	产品：工作空间				
批发价目标：$4.99	描述：桌面组织中心				
制造成本目标：$TBD					
组成	部件信息	工业设计意向	工程制造生产考虑	部件图片	产品图片
底部托盘	零件号码：xxx-xxx-xxx-xxx				
所需材料	高强度ABS——开关工具	该部件的设计适用于简单的开/关工具，没有滑块或升降器			
材料约束1	壁厚	待定，由工程决定			
材料约束2	零件公差	部件与辅助部件互锁。接口表面的公差要求严格			
材料约束3	零件弯曲	制造确保零件不弯曲			
设计约束1	零件需要内部和外部的草稿	零件草图由制造和零件装配需求来决定			
颜色	不透明的	深灰色/黑色，待定			
表面处理	磨砂	纹理-等同于MT-11005			
估算成本	待定				
尺寸	1.00" H×5.00" W×11.50" D (HxWxD)				
侧面托盘	零件号码：xxx-xxx-xxx-xxx				
所需材料	高强度ABS——开关工具	该部件的设计适用于简单的开/关工具，没有滑块或升降器			
材料约束1	壁厚	待定，由工程决定			
材料约束2	零件公差	部件与辅助部件互锁。接口表面的公差要求严格			
材料约束3	零件弯曲	制造确保零件不弯曲			
材料约束4	材料的选择必须具有“热”和“冷”的耐受性，并在从冷热状态转换到室温时保持耐受性	零件用于饮料支架，必须能容纳各种容器（玻璃、陶瓷、纸等）中的冰饮料和热饮料（咖啡/茶）			
设计约束1	零件需要内部和外部的草稿	零件草图由制造和零件装配需求来决定			
颜色	不透明的	深灰色/黑色，待定			
表面处理	磨砂	纹理-等同于MT-11005			
估算成本	待定				
尺寸	0.75" H×3.50" W×3.75" D (HxWxD)				
架子（单一零件）	零件号码：xxx-xxx-xxx-xxx				
所需材料	金属	带卷边的激光切割/冲压零件，可容纳用于悬挂的镜面部分			
材料约束1	壁厚	待定，由工程决定			
材料约束2	零件公差	零件通过铰链与一个相同的零件互锁，镜像装配。接口表面的公差要求严格			

10. 产品定义

了解人体工程学需求，以确定合理界面区域。在此阶段，要确定产品的形式和风格，要在使用场景中快速研究模型来评估运动/位置和接触点。输出可能包括：人体工程学/人为因素分析、可用性分析、表格定义、最终实物模型、CAD曲面模型、设计语言定义。（图3-19、图3-20）

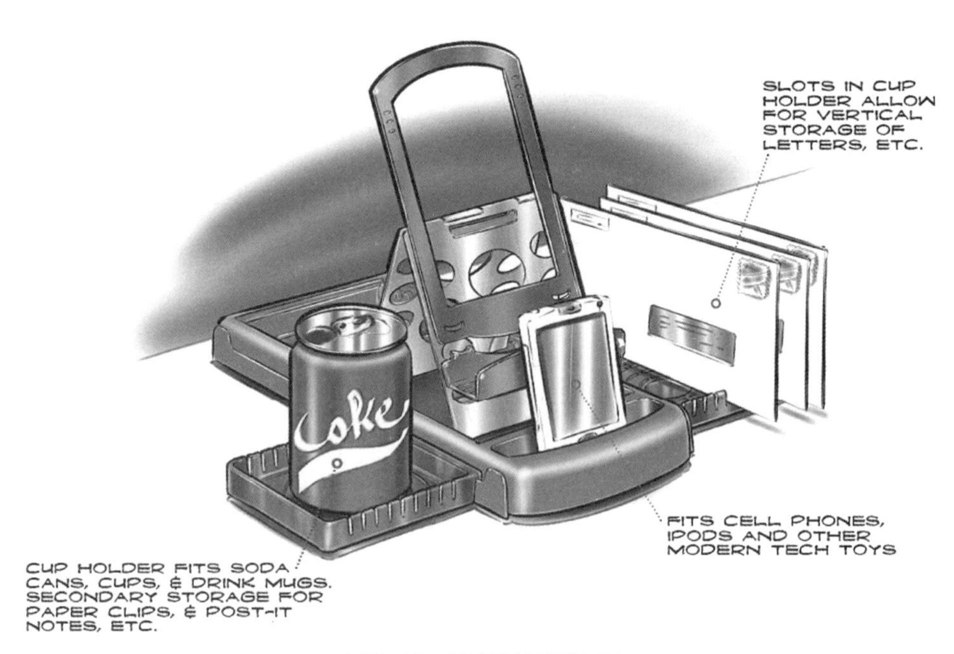

图3-19　最终设计定义草图

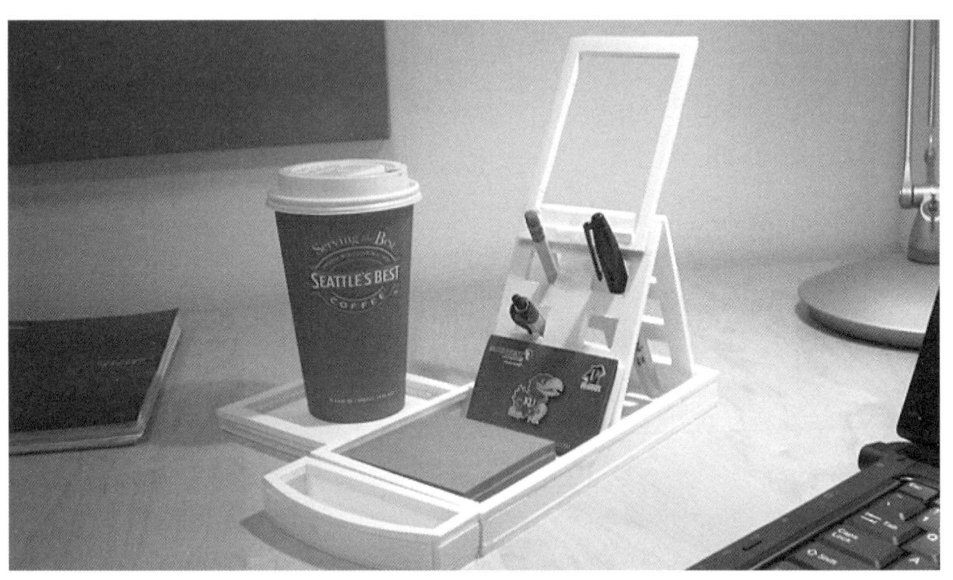

图3-20　最终实物模型

11. 最终效果图

最终效果图可以突出产品的形式和风格，也可以说明建议生产的产品是什么样子的。输出可能包括：最终设计方案效果图、二维/三维CAID渲染图/草图、动画、产品图文安排、C/M/F选择。（图3-21）

图3-21　最终设计方案效果图

12. 控制布局图

一旦选择了最终的方向，就可以制作ID、CAD数据或图纸，以传达设计者的意图和总体关键尺寸。这些信息是所有后续设计和开发活动的基础。图形或颜色布局的开发是为了建立产品各个元素的设计图。输出可能包括：二维正画图、三维控制面、C/M/F（颜色/材料/表面处理）定义、标签/产品图形。（图3-22）

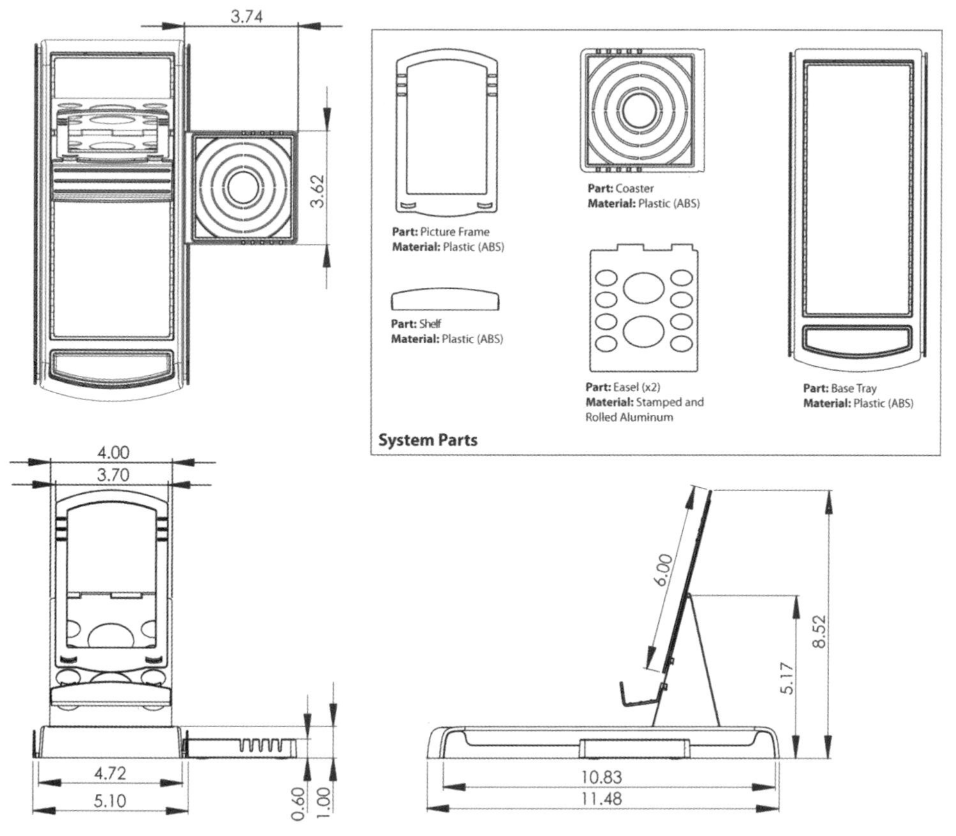

图3-22　控制布局图

第二节　非线性设计流程

一、国外学者对非线性设计流程的解释

正如前文所述，在设计实践中，设计流程并不总是从A点到B点式的线性发展，其中也可能存在反复及同步。关于这个特点，在不同学者的著作中都有所体现，下面就以国外两位学者的描述为例，进行进一步的解释。

1. 伊丽莎白·桑德斯对非线性设计流程的解释

伊丽莎白·桑德斯（Liz Sanders）在其著作《欢乐工具箱》中，对设计过程中的数据分析和设计概念的提出环节进行了归纳。例如图3-23（a）中展示了从研究/分析到设计/概念化的一个非常简化的路径，即路径从具体层（比如数据层）移动到越来越抽象的层次（比如信息层、知识层、洞察层），然后再回到更具体的层次。但是，在实践中，分析和概念化之间的相互作用对于设计过程是非常有益的，甚至是必要的。简单的想法可能直接从数据层产生，然后这些想法可能在信息层揭示新的想法，如图3-23（b）所示。

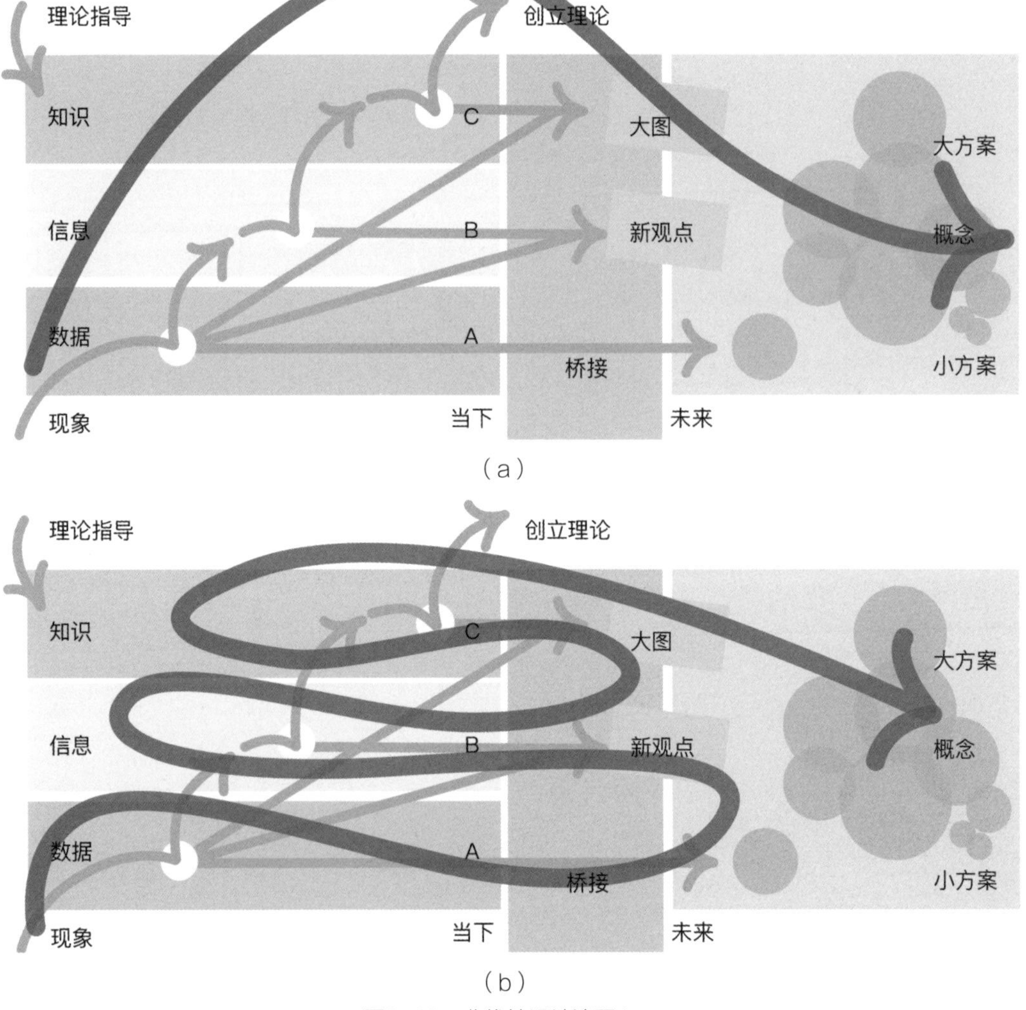

图3-23　非线性设计流程1

2. 维杰·库玛对非线性设计流程的解释

美国工程院院士、宾夕法尼亚大学教授维杰·库玛（Vijay Kumar）在其著作《101设计方法：设计的结构化方法》中提炼了一个设计流程：①感觉意图，明确设计目标；②了解语境上下文，了解设计的要求细节等；③了解人群，进行用户研究；④构建洞察，进行数据分析，提炼核心发现；⑤探索概念，围绕设计洞察进行概念发散；⑥构建解决方案，在概念中进行筛选深化；⑦实现产品，基于所选择的方案进行深入实现［图3-24（a）］。但是，在设计实践中，设计流程并不总是按照这样的顺序推进的，其真实的情况是可能会出现图3-24（b）中的顺序。

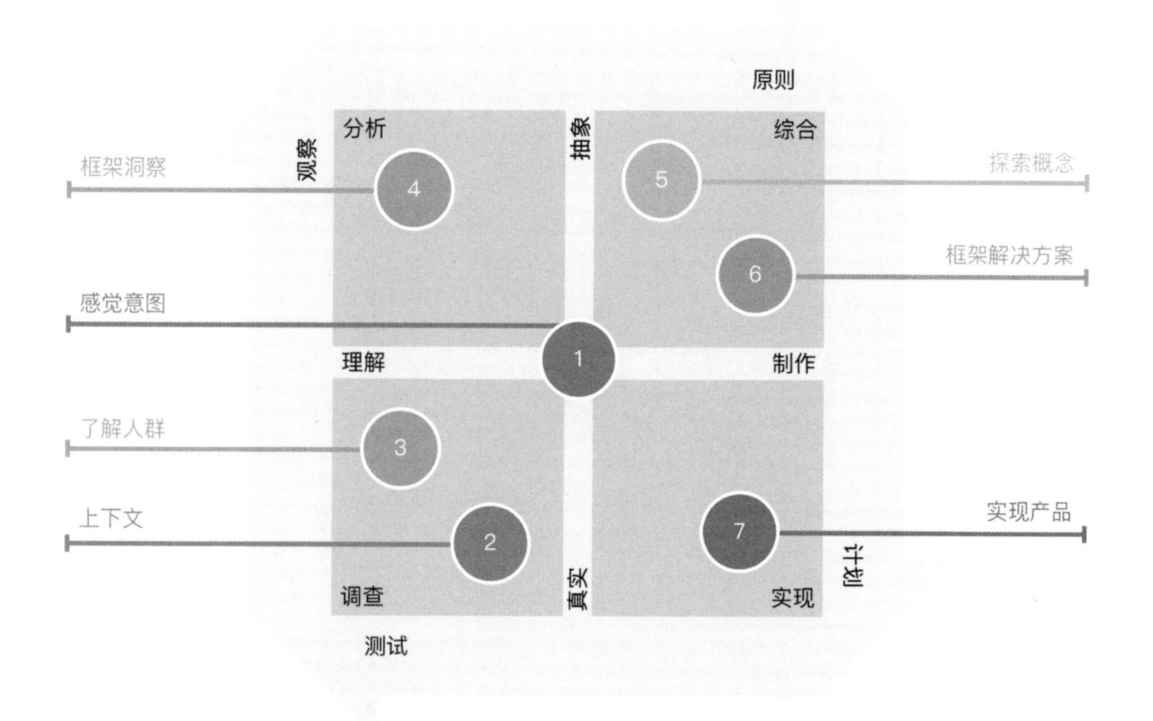

（a）

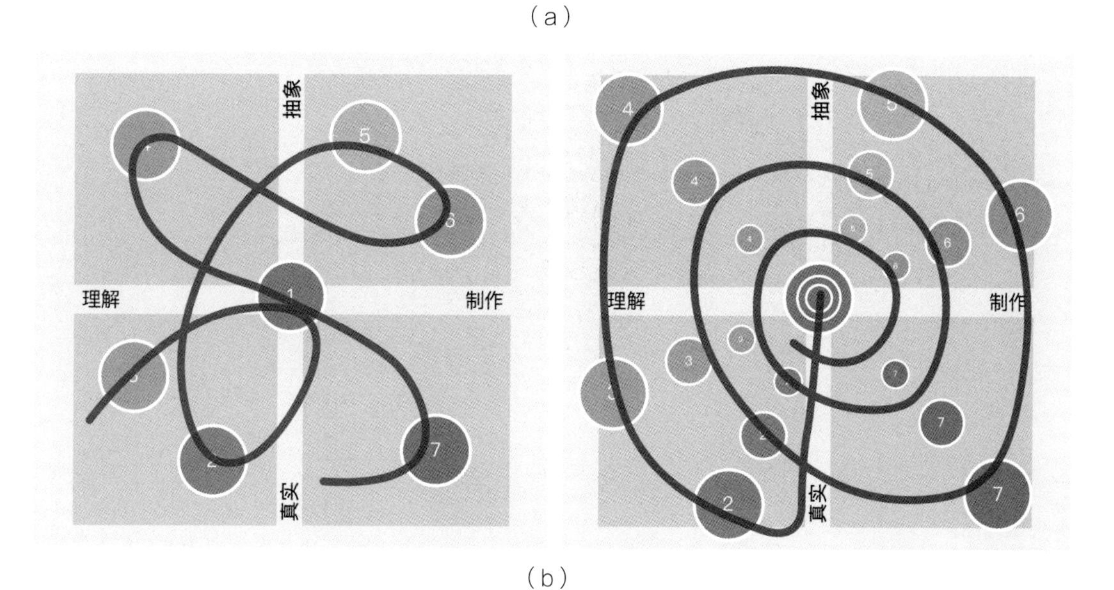

（b）

图3-24 非线性设计流程2

二、整合创新设计中的非线性设计流程

从上述两位学者的流程模型可以看出，设计实践中的非线性设计流程在整体上具有一定的阶段递进性，比如可以归纳为发现、理解、分析、解决四个阶段，但在具体实施中，并没有标准的过程和顺序，可以根据具体的需要，进行自由穿插组合。整合创新设计中的非线性设计流程同样如此。

下面我们就以一次整合创新设计课程中的设计流程为例，讲解整合创新设计中的非线性设计流程。

1. 设计团队的确定

在本次课程的开始，首先向学生发放能力自评表格，让他们填写关于领导能力、专业能力等个人素质的评测表。然后根据学生的情况，均衡划分项目小组，并选择小组中领导能力评估较高的人作为组长。组员之间根据能力的不同进行分工，为顺利开展各项任务、达成合作奠定基础。

2. 设计目标的明确

本次课程的设计目标为：通过新技术提升校园生活幸福感。针对这个设计目标，同学们分别展开了不同角度的调查，发现了具体的问题及设计机会点。

3. 设计方案的产生

下面以学生的课程作业为例，对设计方案的产生过程和部分内容进行梳理。本次课程中，学生们产生设计方案之前，共经历了发现、理解、分析、解决四个阶段。（图3-25）

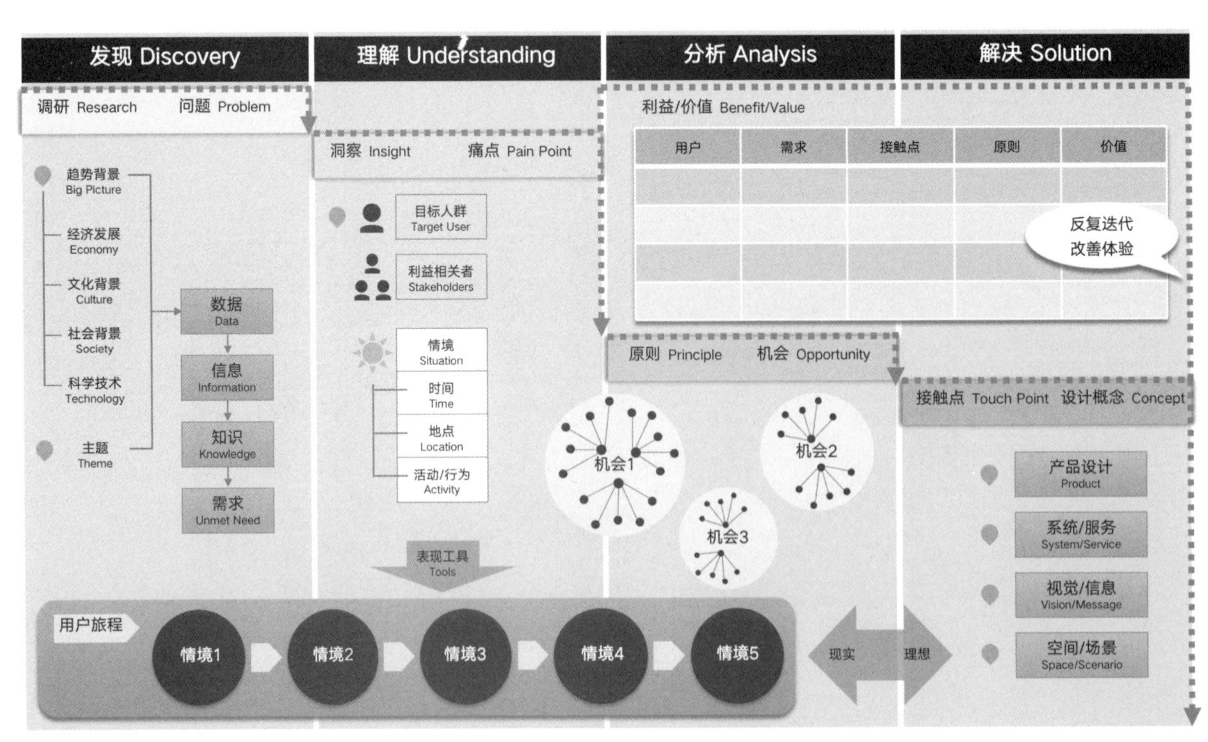

图3-25 整合创新设计课程中的非线性设计流程

（1）发现阶段

在发现阶段，学生们具体进行了前期调研、问题发现、深度访谈、方向确定几个过程。

课程中的一个设计团队在这一阶段主要对趋势背景、经济发展、文化背景、科学技术背景及趋势等进行分析，并结合对用户的研究，得到了设计方向。

另一个设计团队则以母婴产品设计为中心，首先通过实地调研和桌面调研两种方式对用户进行初步的数据收集分析。其中，实地调研包括去月子中心、妇幼医院、商场等地方收集信息。桌面调研包括网站信息收集、文献资料查阅等，例如该团队选取了全国各地近30位哺乳妈妈，对其基本信息进行一对一线上调研。（图3-26）

通过这两种调研方式，该设计团队初步发现了问题点。他们对妈妈和宝宝这两方面进行总结分析后，发现了一个新兴用户群——背奶妈妈。（图3-27、图3-28）

图3-26 用户调研

母乳喂养、营养均衡、增强免疫力、有益母亲健康、容易消化吸收、纯净安全...
breast milk：balanced nutrition \ immunity \ good for mother's health \ digestion \ pure&safe...
母乳喂养很好，但是...
breast milk is advantageous，however...
妈妈方面 for mother

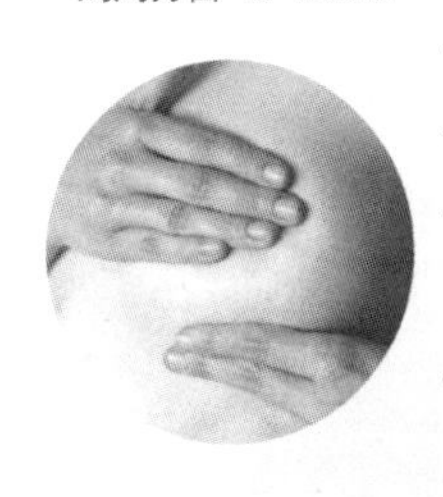

· 奶涨
breast milk engorgement
· 结块
milk gland block up
· 母乳残留引起的乳腺炎
milk residue
· 母亲身体问题
（乳头敏感/乳头内陷等）
mother's health problems
(nipple sensitivity/retraction)
· 开奶问题
problems in promoting
early secretion
宝宝方面 for baby

· 奶阵造成呛咳
let-down caused bucking
· 前奶后奶成分不同
breast milk differences
· 孩子不愿胸喂，只能瓶喂母乳
breast-feeding refusing
· 早产儿或其他身体问题
premature/health problems

图3-27 用户定义1

背奶妈妈

“利用工作间隙存储母乳，背回家给宝宝当“口粮”的职业女性

Working mothers who collect breast milk in the intervals of work and take milk home to feed their babies.”

图3-28　用户定义2

在选取四位典型用户后，又通过“一对一”的深度访谈方式，发现背奶妈妈在生活与工作中面临的具体问题，如母乳喂养时间紧张、工作压力大等。(图3-29)

(2)理解与分析阶段

发现问题后，设计团队通过确定关键词、绘制典型用户形象与故事板、梳理用户旅程图、进行竞品分析与评估等作进一步的理解与分析。

设计团队围绕背奶妈妈展开探索，罗列出人群的典型特点，确定出关键词：舒适、高效、情感。然后，该设计团队绘制出了背奶妈妈的典型用户形象及故事板。(图3-30至图3-32)

法律法规
laws
国家规定产假天数，女职工生育享受98天产假，其中产后可以休假83天左右，而母乳喂养时间最好在一年以上。
Working mothers have 98 days for maternity leave, around 83 of which are after delivery. However breast feeding for more than one year is recommended.
职业女性数量增加
increasing user group
据淘宝网数据显示，2009年，有40万妈妈购买了背奶设备(吸奶器)；2010年有100万；2011年，这一数字达到了200万。
There are 400 thousands mothers who purchased breast pump in the year of 2009 ,in 2010 there are one million and in 2011 there 2 millions.
工作压力变大
increasing work stress

图3-29　用户社会背景（定位依据）

舒适 Comfort	高效 Efficiency	情感 Emotion
减少拿握疲劳 防止吸乳痛感	简化繁冗步骤 缩短吸乳时间	营造温馨情境 促进母乳分泌

图3-30　关键词

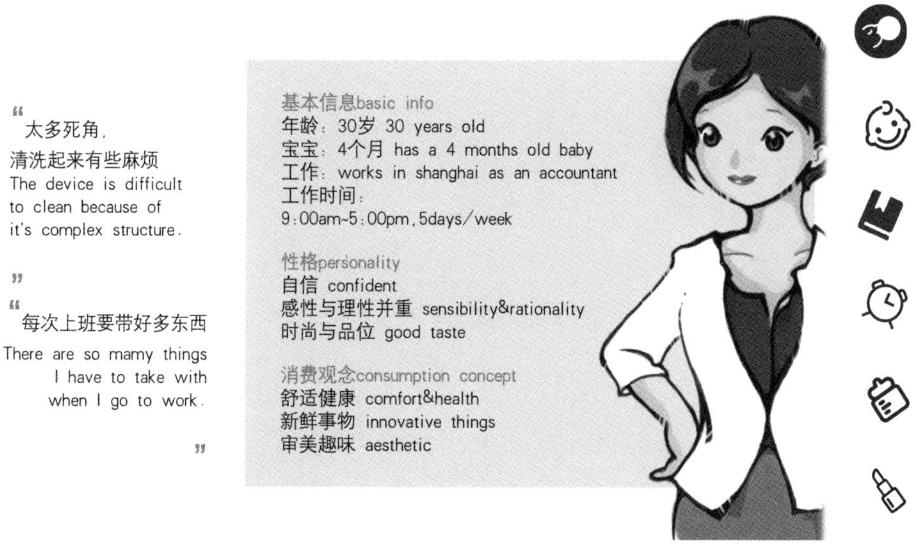

"太多死角，
清洗起来有些麻烦
The device is difficult
to clean because of
it's complex structure."

"每次上班要带好多东西
There are so mamy things
I have to take with
when I go to work."

基本信息basic info
年龄：30岁 30 years old
宝宝：4个月 has a 4 months old baby
工作：works in shanghai as an accountant
工作时间：
9:00am~5:00pm, 5days/week

性格personality
自信 confident
感性与理性并重 sensibility&rationality
时尚与品位 good taste

消费观念consumption concept
舒适健康 comfort&health
新鲜事物 innovative things
审美趣味 aesthetic

图3-31 用户形象

图3-32 故事板

接下来，通过梳理用户旅程图和用户的行为流程，在哺乳行为过程中发现机会点，重新定义。同时还对市面上现有的热购产品进行评分。（图3-33）

（3）解决阶段

在理解与分析之后，设计团队明确了设计机会点与设计要点，对设计进行表达，确定品牌的定位，并进行品牌描述等。具体过程包括：明确机会点与设计要点、探寻设计表达、确定品牌调性、讲述品牌故事。（图3-34、图3-35）

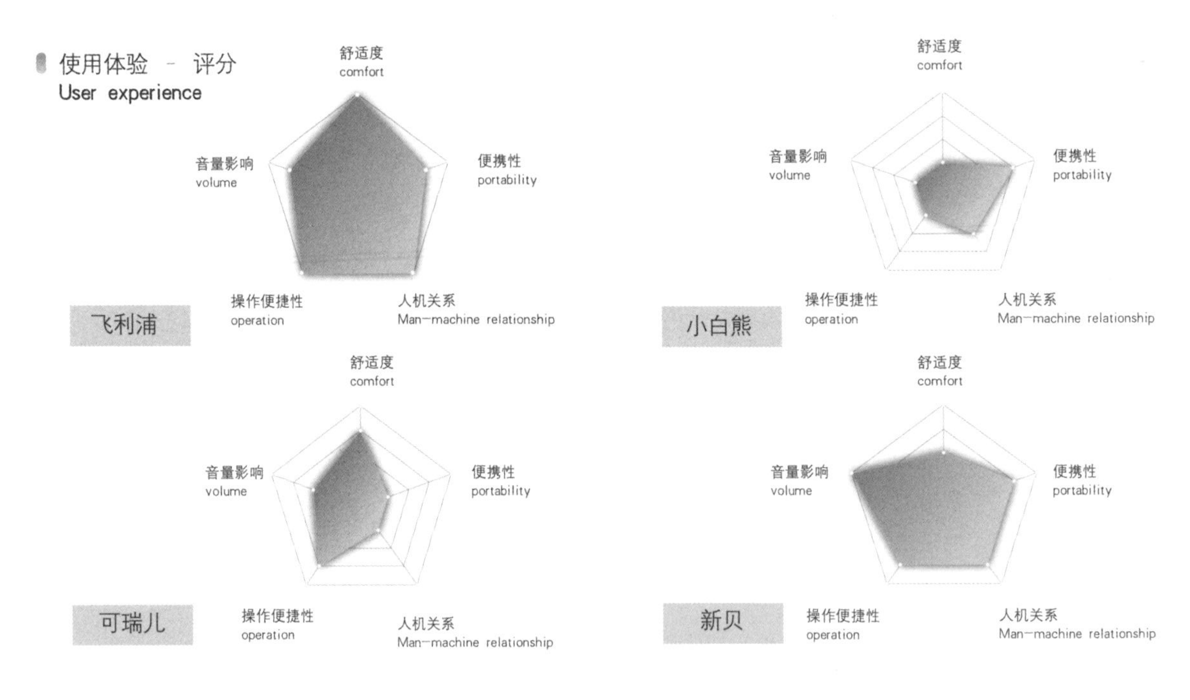

图3-33 现有产品使用体验评分

人机关系 man-machine relationship 舒适抗疲劳	简化结构 simplified structure 死角易清洗	造型元素 product modelling 增加产品情感
一体式设计 all-in-one design 免去导管麻烦	简化拆装步骤 simplified assemble steps 提高效率	多功能接口 bottle/bag connector 方便储存

图3-34 设计要点

1.产品功能点 product function	3.组合键/内部结构功能 combination structure/ inside structure&function
2.材质/外观/情感化 CMF/modelling/ emotionalizing	4.使用场景/扩展人群 usage scenario/ user group extension

图3-35 设计表达

通过前面阶段确定最终的设计定位后，团队成员从人机关系、简化结构、造型元素、一体式设计、简化拆装步骤、多功能接口等方向入手，进一步明确设计方案的品牌定位、表现形式和视觉形象。其中视觉形象选自蜂鸟，体现出纯净、自由、欢乐的感觉。品牌定位界定在偏向个性优雅的感觉。品牌传递的信息是用户能够毫不费力地履行自己的母亲职责，感知到自己正在抚养孩子，并获得满足感。（图3-36至图3-39）

图3-36　视觉表达1

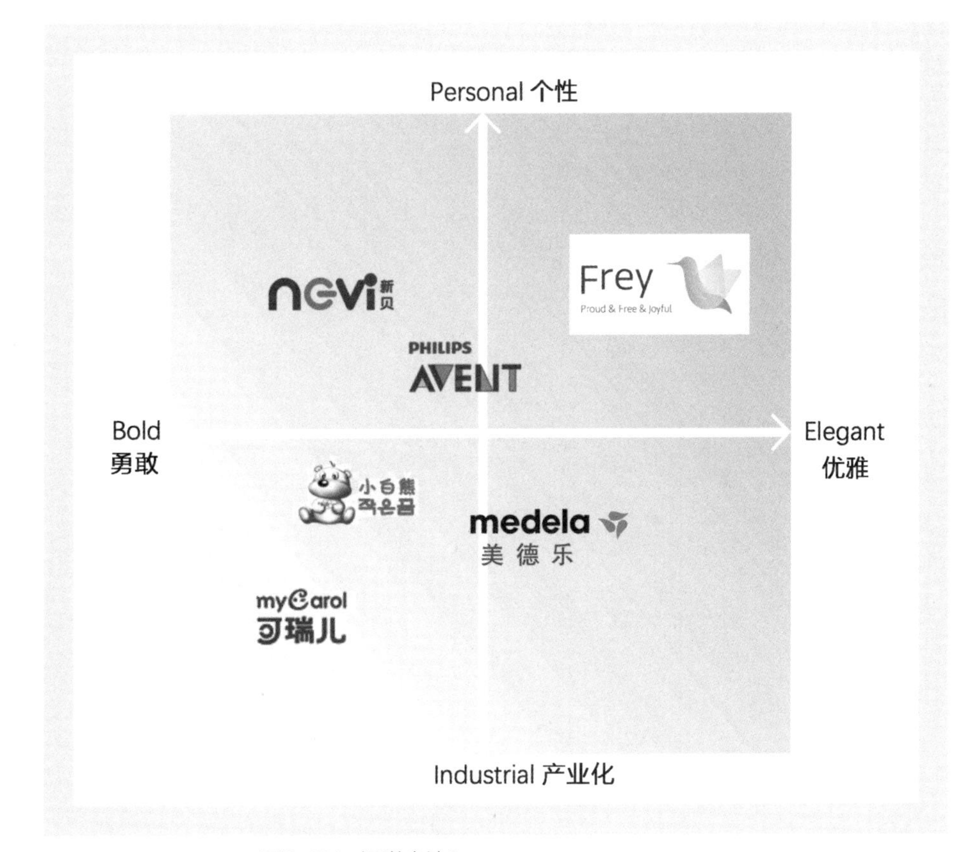

图3-37　视觉表达2

Brand essence

Proud, Free, Joy

FREY empowers you to effortlessly fulfill your role as a mother and brings gratification knowing you are nurturing your child while living life fully.

Brand essence 品牌本质
Proud 自豪的 Free自由的 Joy 欢快的
Frey 可以为您的母亲角色进行助力，让您感知到自己正在全心的生活并养育着您的孩子。

图3-38　视觉表达3

蜂鸟的故事

它是一种叫Frey的蜂鸟，与其他鸟类不同。
它是如此的小。

当它在花丛中飞翔时，它看起来像一个仙女，
不容易被人觉察它飞得很快。

当它飞过天空时，只留下了吱吱声，却没有任何痕迹
它看起来很优雅。

当它站在鸟群周围时，它总是高昂着头，眺望远方。
它是大自然母亲的聪明帮手。

它一边飞一边给花授粉，一次又一次地用它的长嘴吸蜜

我们就像你的蜂鸟，永远和你在一起。

图3-39　视觉表达4

依据舒适、高效、情感三个设计关键词，设计团队选取蜂鸟作为品牌的代表形象，意在给背奶妈妈传递出小巧、便捷、优雅、自由的品牌理念。另外，在解决阶段还进行了最终设计方案的深化、探索产品的形状及使用场景等步骤。(图3-40至图3-42)

该团队的整合创新设计流程及流程中所涉及的“相关理论”“工具方法”“思维方法”的环节节点可以归纳为表3-3。

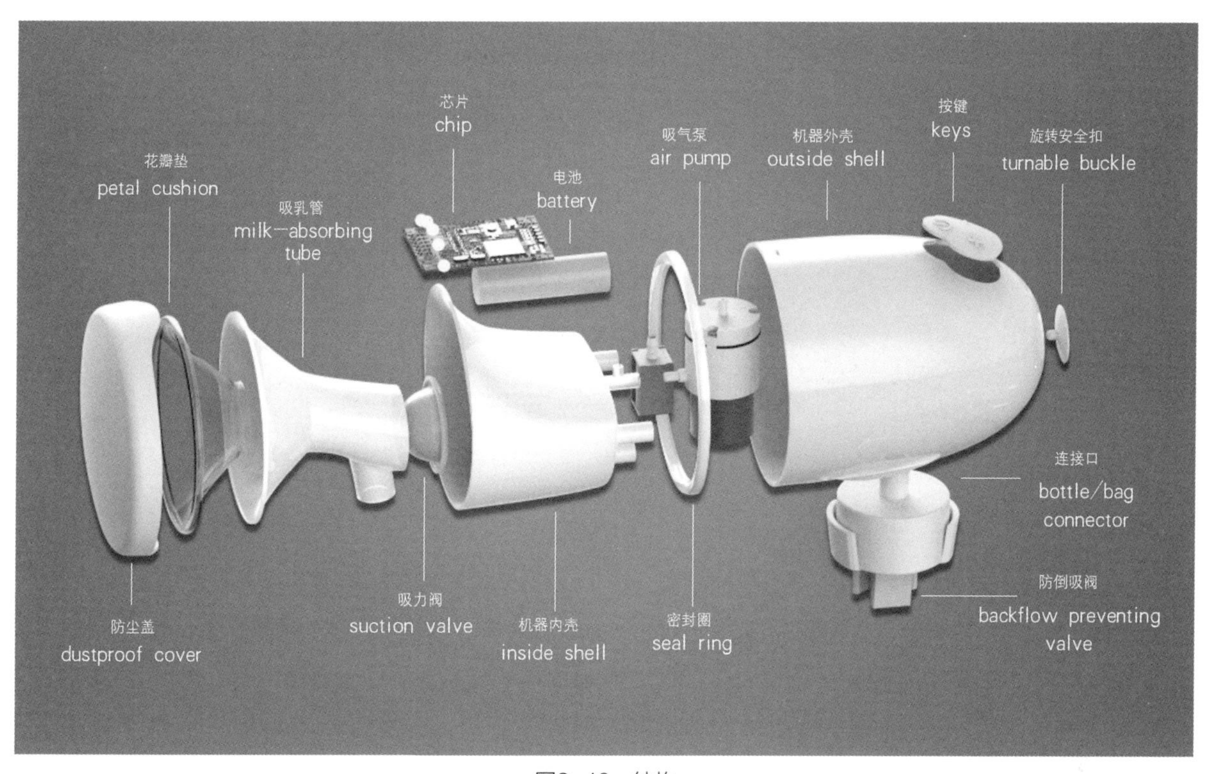

图3-40　结构

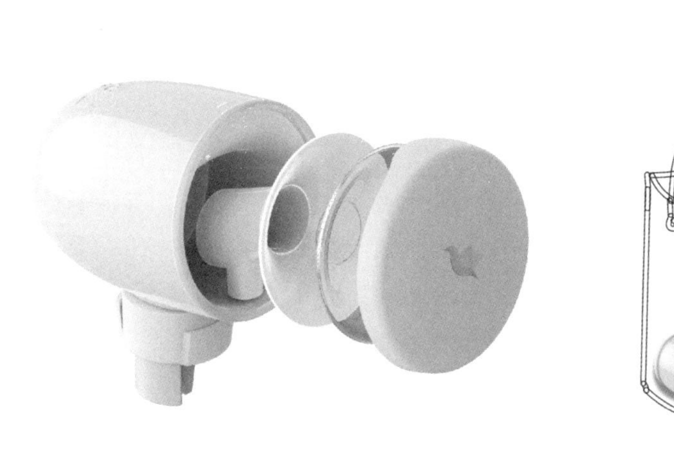

图3-41　视觉应用

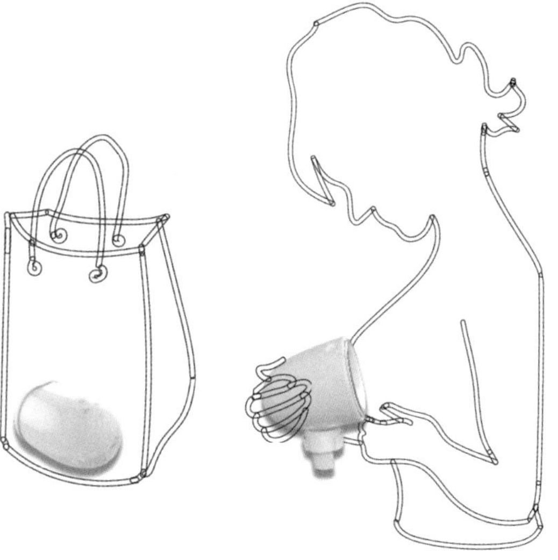

图3-42　使用场景

表3-3　Frey设计方案产生过程及方法工具的使用

整合创新的流程		发现	理解、分析	解决
		桌面调研 深度访谈 发现问题 确定方向	确定关键词 用户形象故事 用户流程图 竞品分析与评估	机会点与要点 设计表达 确定品牌属性 讲述品牌故事
整合创新的方法与工具	思维			
	数据收集			
	数据分析			
整合创新的相关理论	管理			
	商业			
	品牌			

ICON图释

设计与管理

设计与品牌

设计与商业

思维发散的方法

思维归纳的方法

以“访谈”为途径的数据收集方法

以“观察”为途径的数据收集方法

以“创作”为途径的数据收集方法

数据洞察分析

商业模式分析

BTU综合分析

第四章

整合创新设计实践课题训练与案例解读

本章简介

本章选取了以往教学过程中的两个比较有代表性的主题练习，以进行一些课题训练的示例及案例的解读。希望通过这些课题训练和案例解读，帮助同学们熟悉整合创新设计的流程及其过程中方法工具的选择、创新和使用。

第一节　有技术限定的课题训练与案例解读

一、课题简介

本章选取的第一个课题是“基于超声波技术的家用清洁类产品设计”。该课题以超声波清洗技术为基础开展整合创新设计训练。在训练过程中，学生需要结合超声波技术的特征与用户的清洁需求，提出不同的创新方案。

该课题的设计目标为通过利用超声波技术，完成家用清洁产品的设计研发。针对这个设计目标，各小组同学分别展开了不同角度的调查，发现了具体的问题及设计机会点。

二、案例解读

1. FLUX家庭智能饮用水净水器设计

以下是该案例设计方案的产生过程。

（1）问题洞察

小组同学通过分析数据，洞察到以下几个问题：

①厨房用水常常存在一定的健康问题。比如，多数住户清洗蔬菜、水果、煲汤、淘米时常常使用普通的自来水，但这种自来水没有经过净化，水中有很多有害物质，对用户的健康是非常不利的。

②纯水机产品不仅产生大量的浓缩水，在得到洁净的水的同时也不可避免地产生一定的废水，且经过RO膜净化出水的速度较慢。

③净水器滤芯的更换过程较为复杂。目前国内不少净水器用户都对净水器的科学使用认识不足，其中一个最为突出的问题就是因净水器滤芯更换过程太复杂而长期不更换。

（2）市场研究

基于当前的主流品牌，小组同学对产品进行了SWOT分析，并得出了五点结论：目前市场规模不大，未来前景广阔；产品同质化问题严重；产品种类繁多，品牌少（竞争不充分）；组（拼）装的多，拥有自主核心技术的少；重销售、轻服务。（图4-1、图4-2）

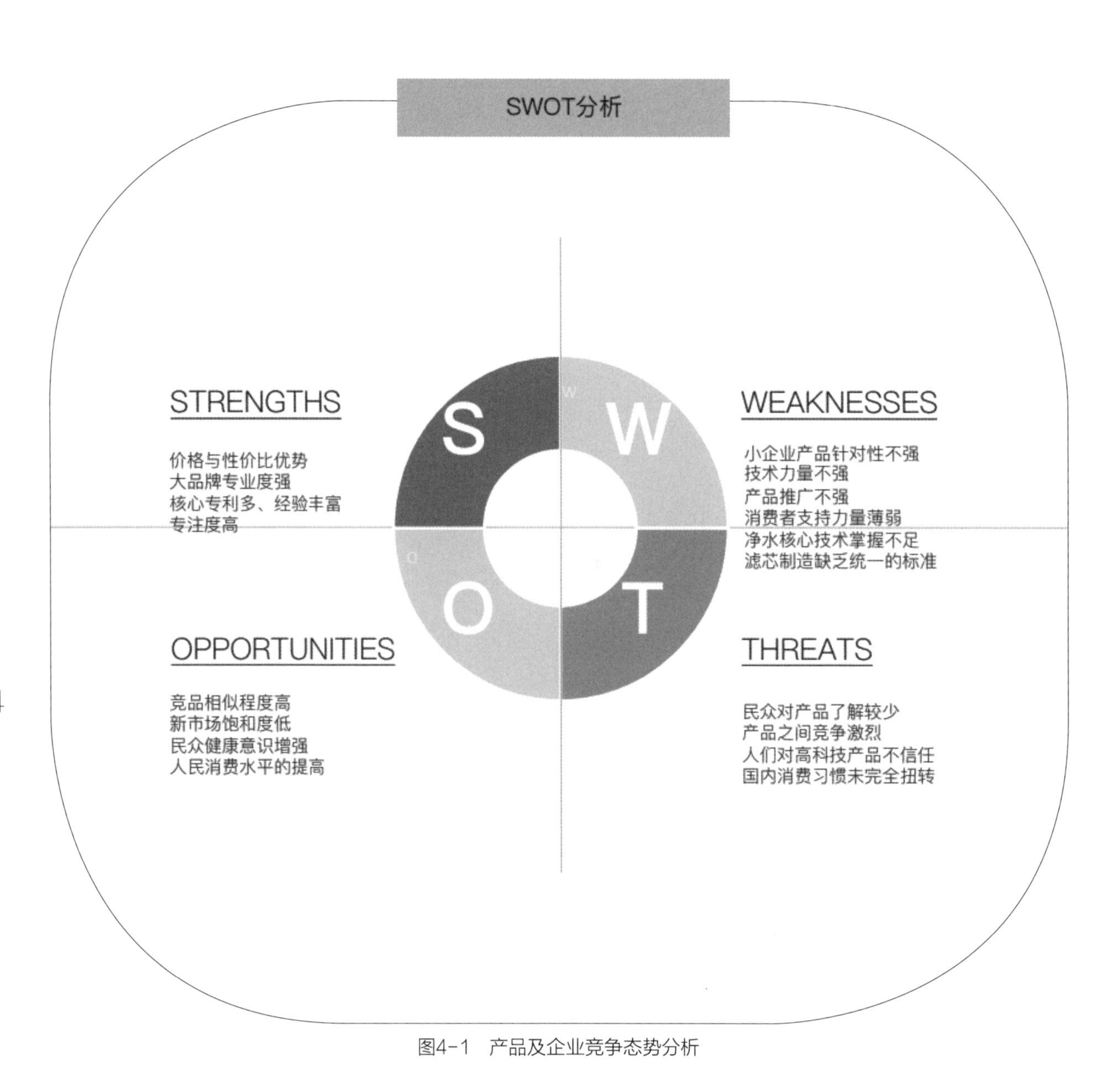

图4-1　产品及企业竞争态势分析

➢ 现阶段家用净水机的技术类别

序号	类型	特征	代表品牌	优点
1	混装型	所有过滤材料装填在1个壳体中	爱惠浦、泉来、金利源等（包括净水桶）	较为简单、易于规模化生产
2	集成型	单一功能过滤材料，自成一体，系统集成	美的、世保康、鸿碧	因地制水、对原水水质要求不高
3	单一型	产品只有一种过滤、一个功能	立升等	结构简单，单项功能强大

（a）

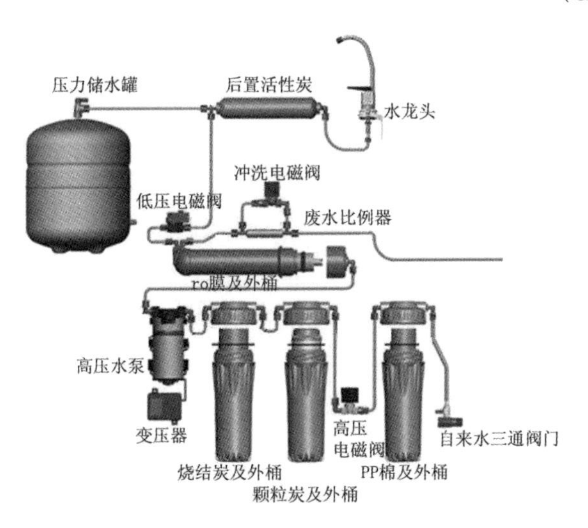

传统型

传统净水机，内部接头众多，每一处连接点都是一处漏水隐患，现在的家具动辄上万，一个不好，泡一次损失就很大，多少台净水机都换不来。

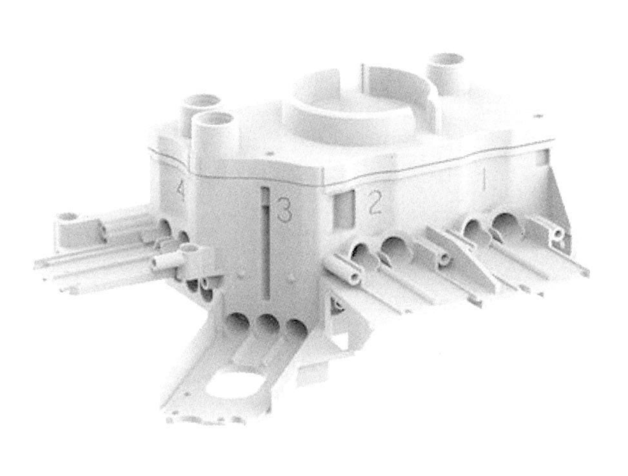

集成型

➢ 滤瓶与滤芯分开，更换滤芯只需要更换核心部件，滤瓶与机身集成一体无须更换，使用成本进一步降低。

➢ 集成水路内部没有接头，污染物自然无法附着，能够被完全截留在滤芯中，因此也不会腐蚀，使用寿命更长。

（b）

图4-2　市场现状及趋势浅析

（3）技术调研

小组同学对目前市场上现有家用净水器产品的相关技术进行了调研，分析了现有产品的局限性：净水效果不理想、场景适应能力较差等。同时还分析了水槽一体化安装的设计优势：节省了安装空间，解决了中国家庭厨房无处安装及要额外改水路的烦恼，同时又操作简单、便捷、实用。（图4-3、图4-4）

现有产品局限性

- 技术参数相对较弱，净水效果不理想
- 用户不能自主更换滤芯
- 场景适应能力较差，对水质的划分层级较弱
- 外观设计感差，细节考虑不全面
- 人机交互上大多是智能化元素的软交互

图4-3　竞品分析

➢ 小米净水器及永源净水器拆机测试

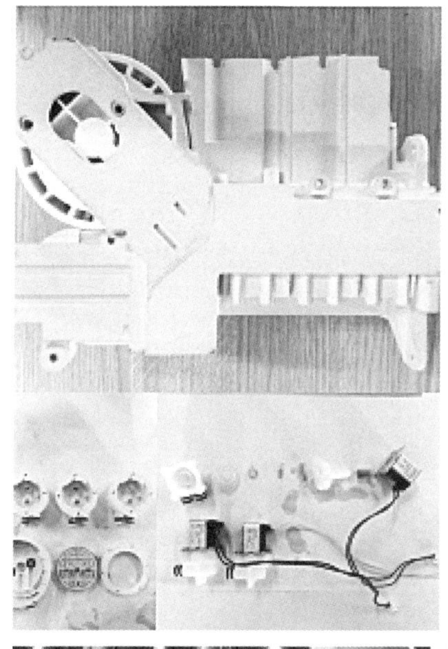

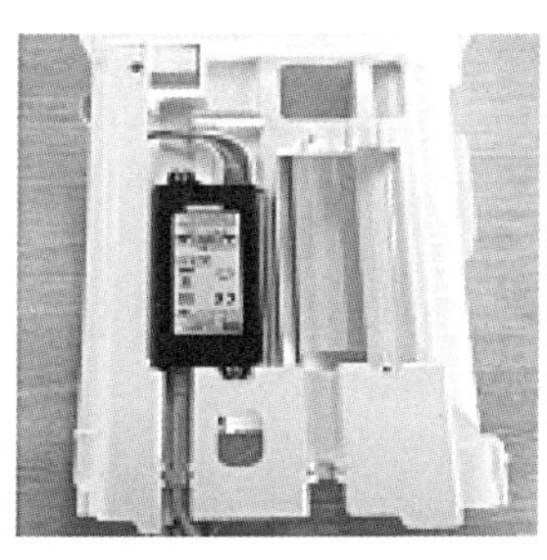

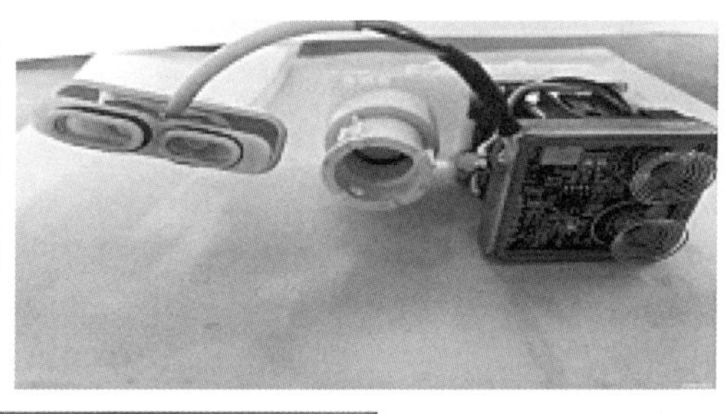

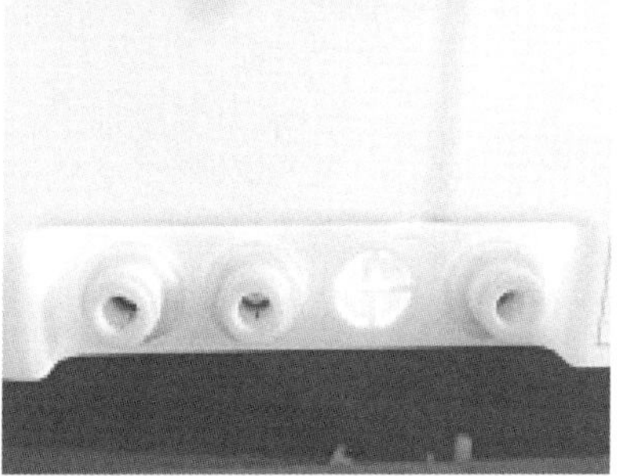

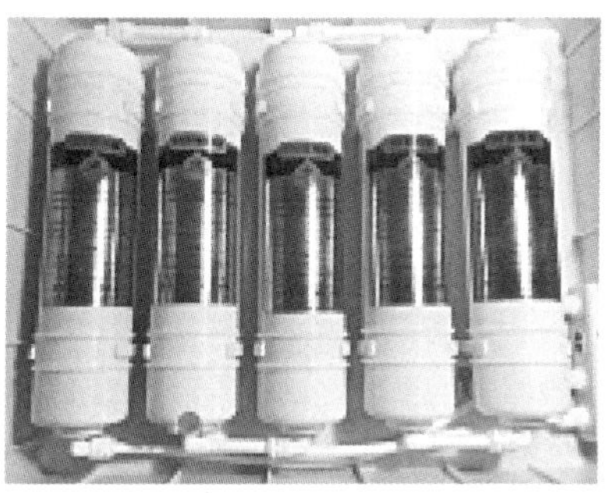

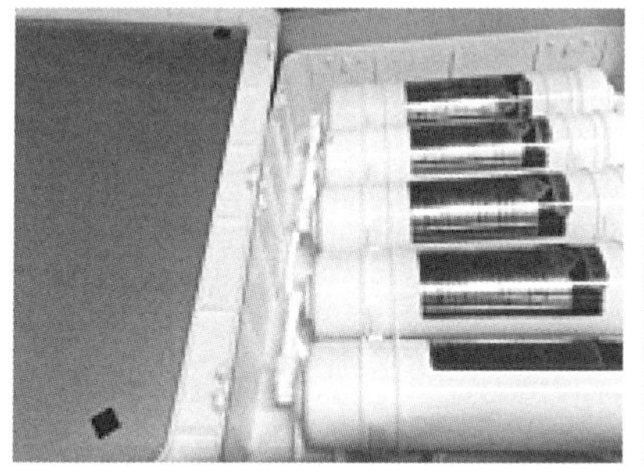

产品参数

净水工艺	中空纤维超滤膜
过滤精度密度	0.01微米
适用水压	0.1-0.4mpa
原水温度	5-45度
适用水源	市政自来水
执行标准	QB/T4143-2010

图4-4　竞品单品分析

（4）用户研究

小组成员基于访谈法、观察法、追踪法与问卷法，定义用户群体为达到小康水平的三口之家及新一代白领家庭。这类家庭追求生活品质，容易接受新事物，个性化、多选择、空间的最大化利用是他们的消费需求。因此他们的消费心态主要是要求产品大容量、品牌化、智能化及灵活化。（图4-5至图4-8）

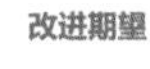

出水慢
Q：那您觉得我们该如何改进现在的净水器，像有人说它出水特别慢？
A：对了，这不是水压的问题，水压的问题的话，这边这么细的柱，它这边就这么一点点跟线似的。我们要接一桶水就很难，是它和那个过滤管的事。单靠它解决不了这个问题。
滤芯更换
Q：滤芯要不要经常换啊？
A：像PP棉的六到九个月换一次，活性炭的话一年到一年半，超滤膜是三年左右。rv膜的是三到五年换一次，他得根据你家水质来换。
改进期望
Q：如果我们要改善这个净水器，您觉得您对未来的净水器有什么期望呢？
A：改善的话呢，一是从净水的质量上，二是从价格上。你要是设计好了市场很大
定期更换
Q：用水过程还有什么问题呢？
A：没大有什么问题了。我觉得要是研制出一种那种就和那个芯似的定期的换的那种也别过滤机器了，那个东西我觉得挺好，现在呢，有一个芯直接过滤，我觉得有好多人还不大放心，就觉得那个东西太简单了似的，内心就感觉接受不了似的。要是真研制出那个东西我觉得挺好的。
用户体验
Q：请您从咱们的角度或者是设计的角度或用户体验谈谈使用上有哪些不便？
A：我有时候觉得差不多了，半年换一次，或者三个月换一次，滤芯小，出水慢，贵。

图4-5　用户访谈

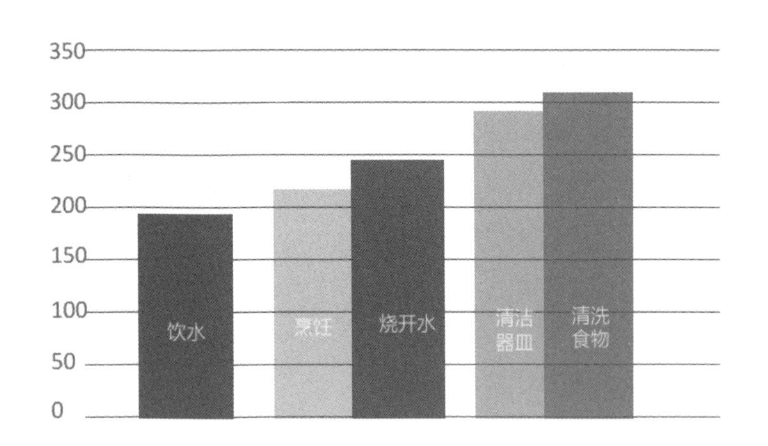

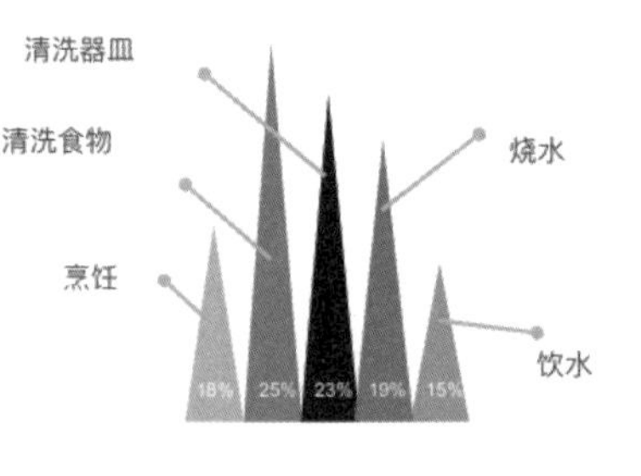

图4-6　用户厨房用水行为分析

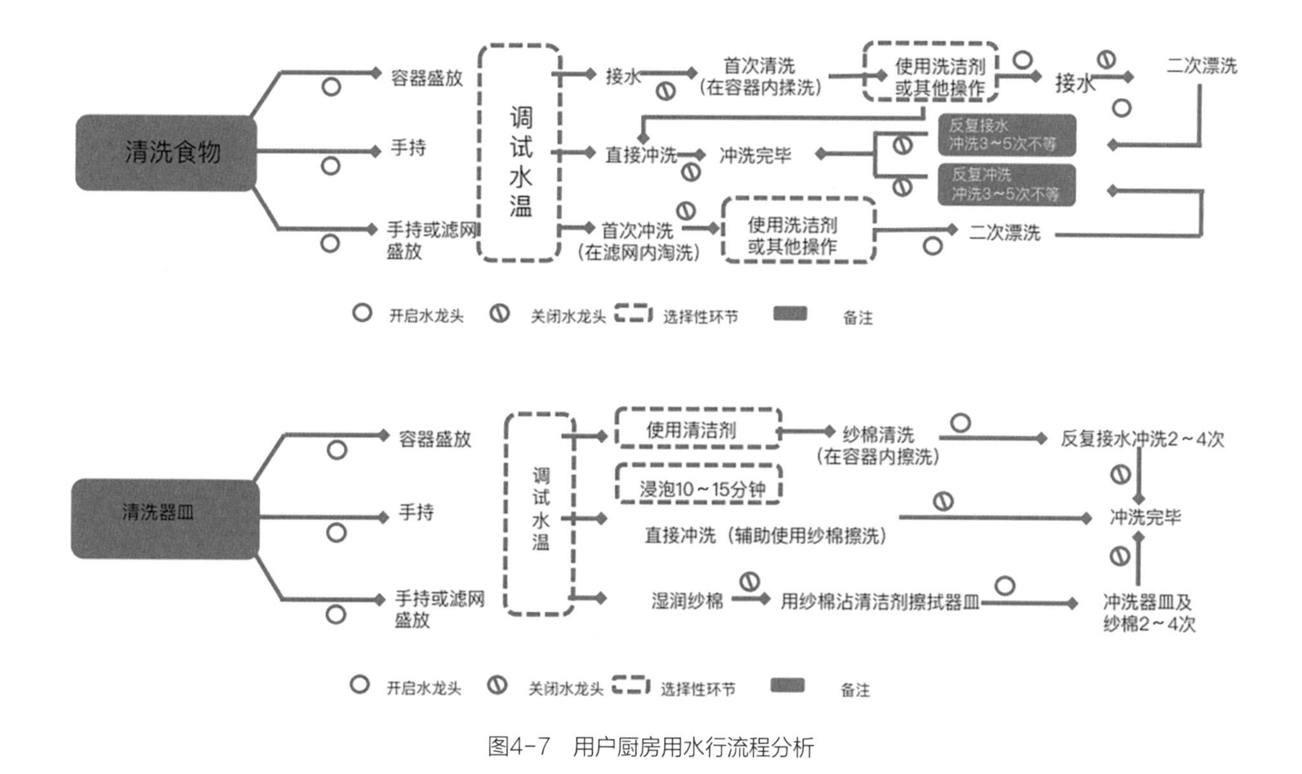

图4-7　用户厨房用水行流程分析

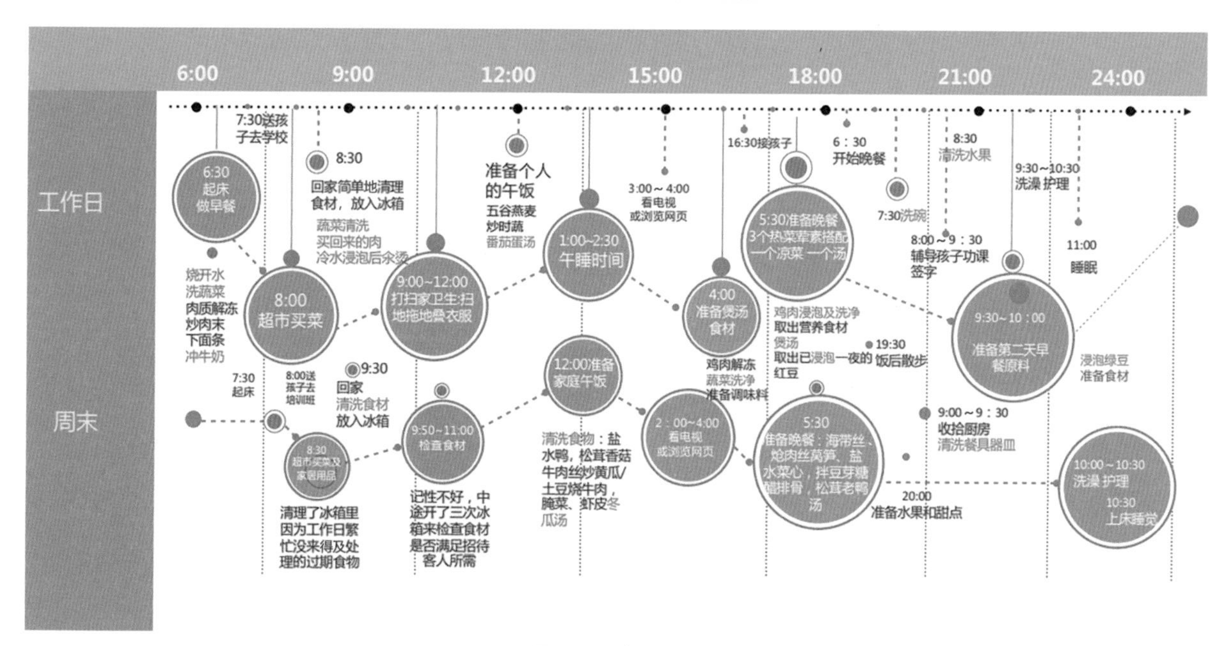

图4-8　个例追踪

（5）使用场景分析

用户的厨房面积为8～12平方米，本着在有限的空间里追求最大利用率的原则，产品的效率与占用空间的矛盾有待设计小组解决。此外，在安装位置上，用户倾向于水池附近。（图4-9、图4-10）

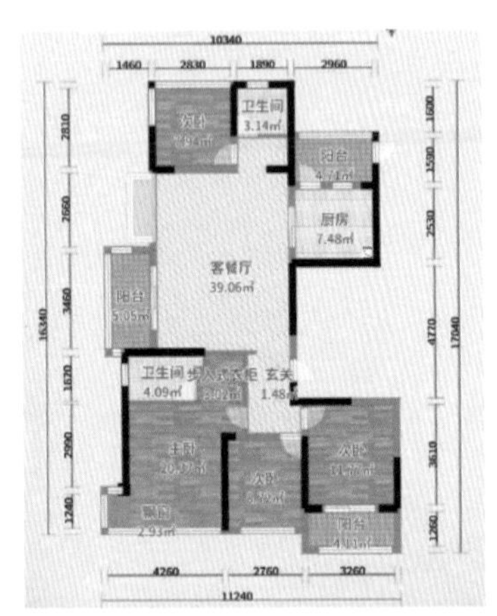

总面积　：139㎡
厨房面积：7.48㎡

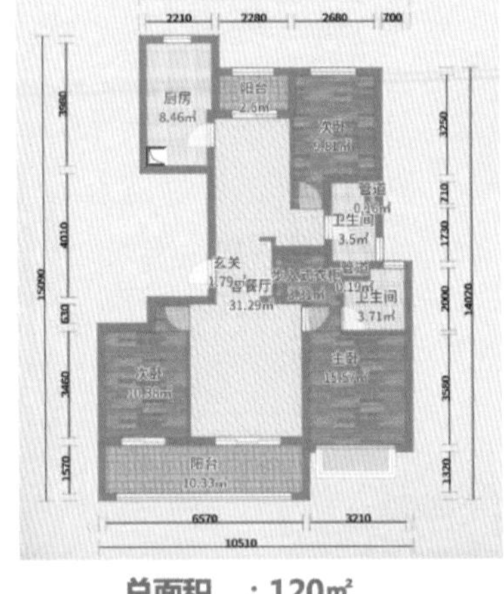

总面积　：120㎡
厨房面积：8.46㎡

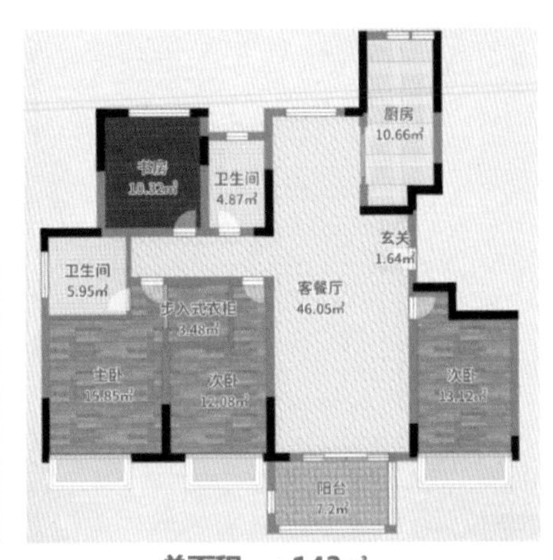

总面积　：143㎡
厨房面积：10.66㎡

厨房面积为8～12平米，在有限的空间里追求最大利用化的需求下，空间限制和净水器容量需求相悖。

➢ 特征描述：

这类人群居住面积通常在120-150㎡，厨房面积不会太大。

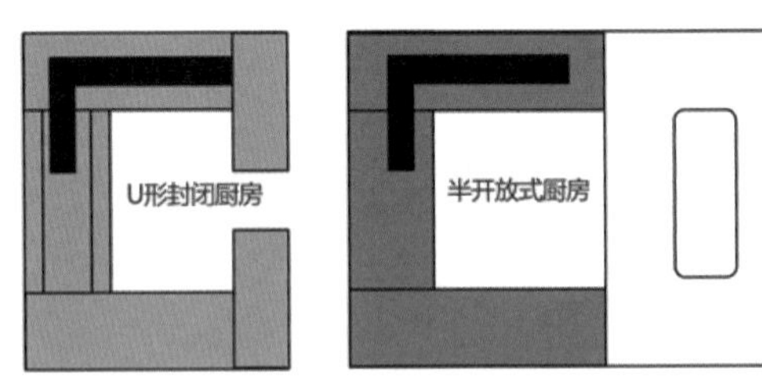

图4-9　用户厨房空间分析

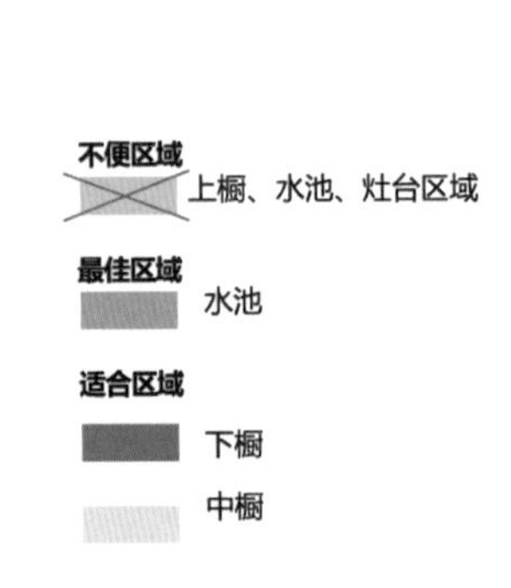

图4-10　产品安装区域

（6）产品定义

本方案主要是要设计一款针对达到小康水平的三口之家以及新一代白领家庭，以厨房用水净化程度细分为主导功能的系统化集成产品。设计小组通过对水槽、净水器、水龙头进行整合化创新，使用户可以很容易地更换滤芯、切换用水模式、改变用水的使用方式，从而改善居民饮用水的质量与健康问题。（图4-11、图4-12）

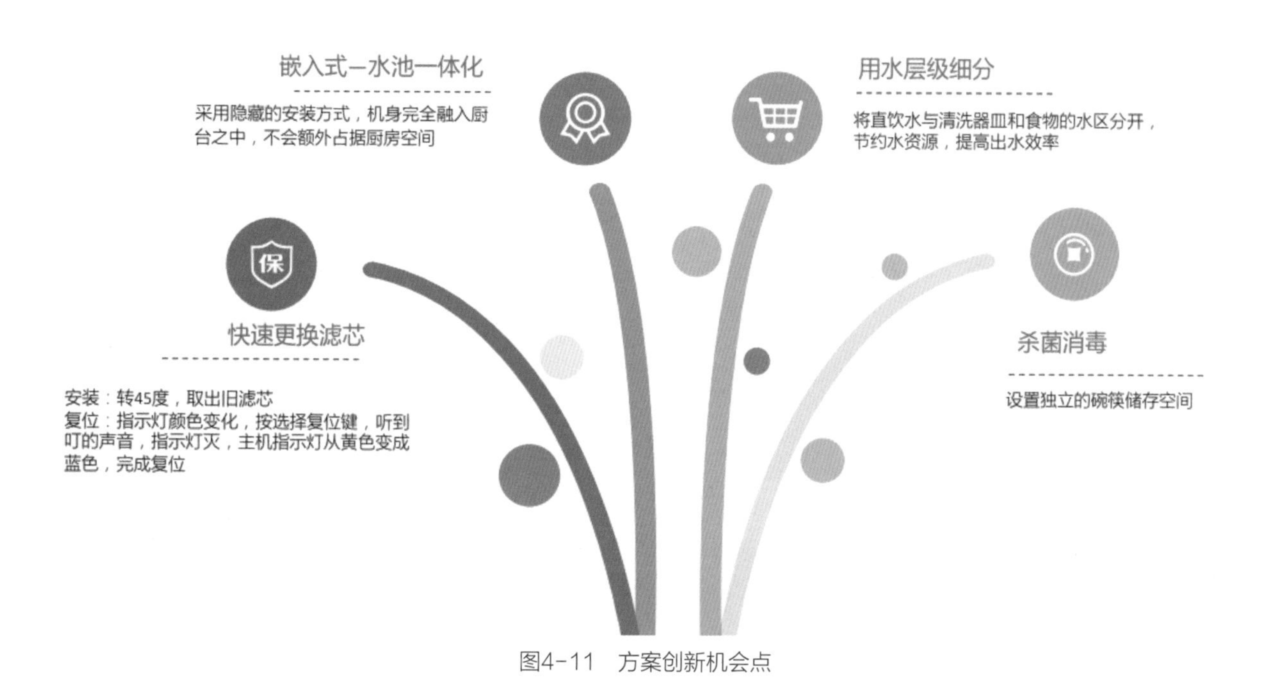

嵌入式—水池一体化
采用隐藏的安装方式，机身完全融入厨台之中，不会额外占据厨房空间
用水层级细分
将直饮水与清洗器皿和食物的水区分开，节约水资源，提高出水效率
保
快速更换滤芯
安装：转45度，取出旧滤芯
复位：指示灯颜色变化，按选择复位键，听到叮的声音，指示灯灭，主机指示灯从黄色变成蓝色，完成复位
杀菌消毒
设置独立的碗筷储存空间

图4-11　方案创新机会点

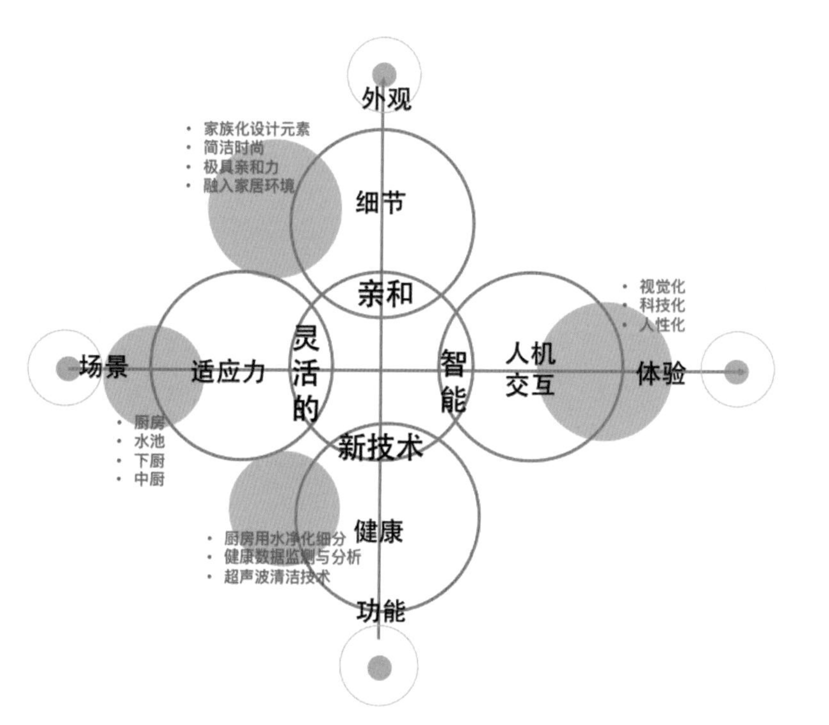

设计原则

- 用水层级细分

  结合超声波清洁技术针对家庭厨房场景的各种烹饪用水进行净水程度细分：包括煮饭、煲汤、洗菜、洗水果、洗鱼肉、刷碗等

- 新型交互体验
- 用户可自主更换滤芯
- 家庭化设计元素与主题语言

图4-12　设计原则

（7）设计输出

本方案的设计主要针对工作年限在3年以上、对自己身体健康非常关注，且常住成员超过一代的小户型住户。新产品的主要功能是净化厨房饮用水，并使其可以被分区利用。该产品以模块化组合置入水槽或者洗碗机中，同时设有四档用水区分，方便用户区分厨房中的饮用水。（图4-13）

此外，该产品具有更加紧凑的安装空间，可以在后期加装洗碗机。从实际功能参数来看，该产品不仅将在节水、节电方面成效显著，更将在洗碗效率和操作便捷性上遥遥领先目前市场上的同类产品。（图4-14、图4-15）

这个设计案例的设计开发过程可以整理为表4-1所示的内容。

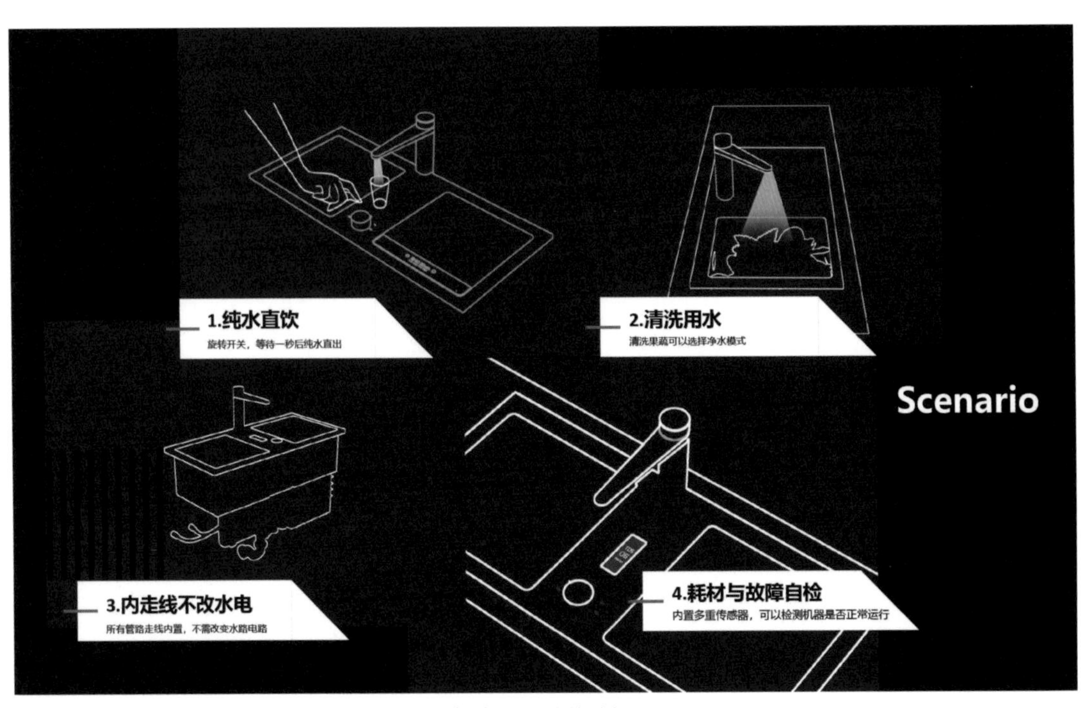

（a）产品功能分析

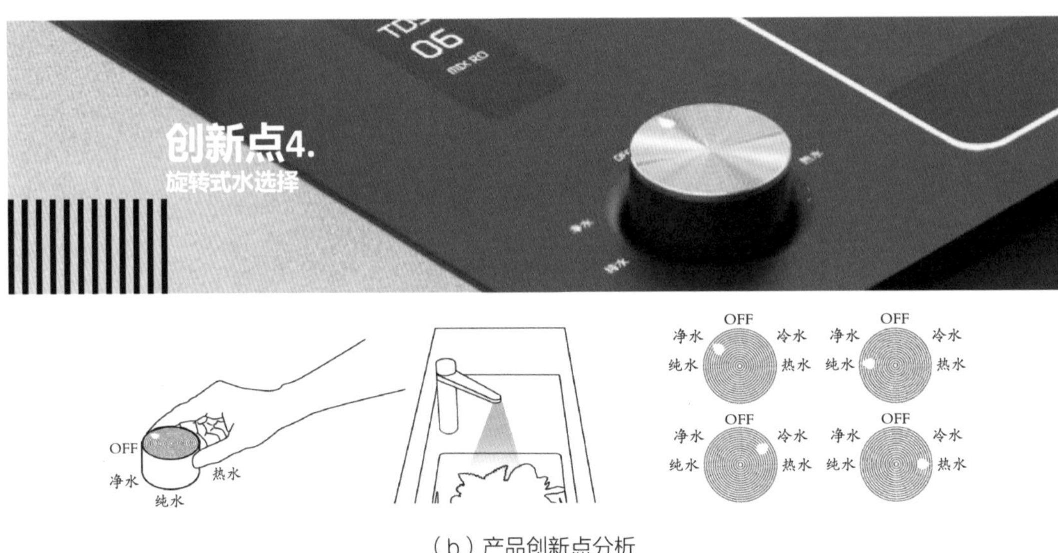

（b）产品创新点分析

图4-13 产品分析

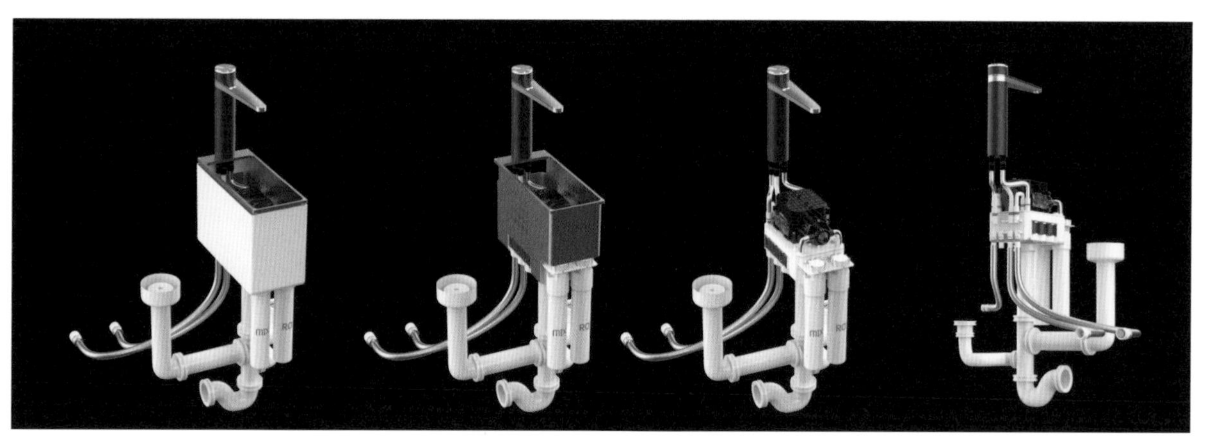

图4-14　产品安装示意

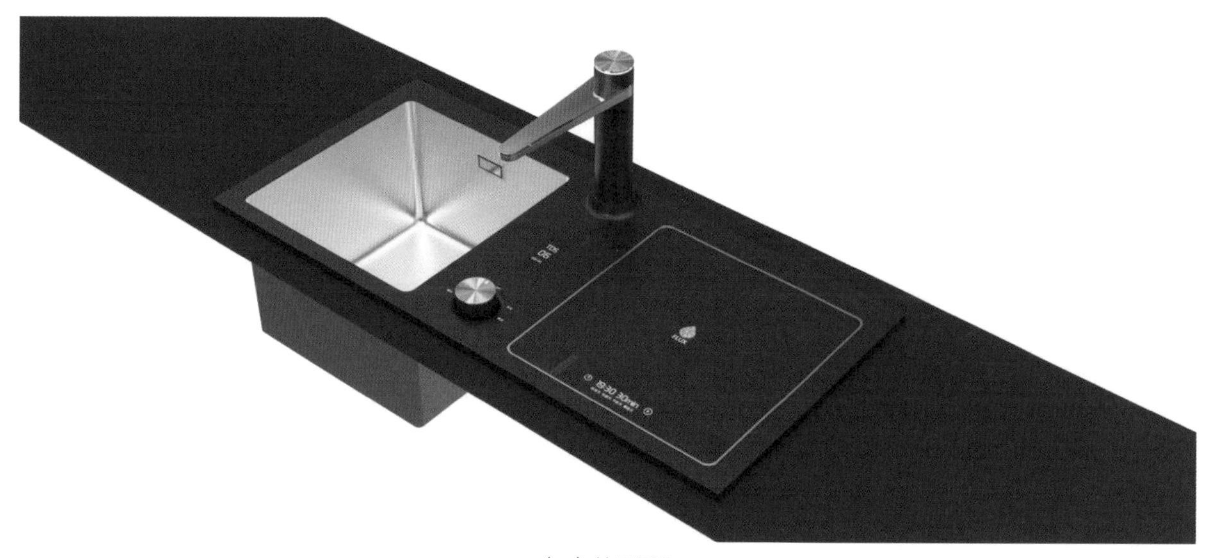

（a）效果图1

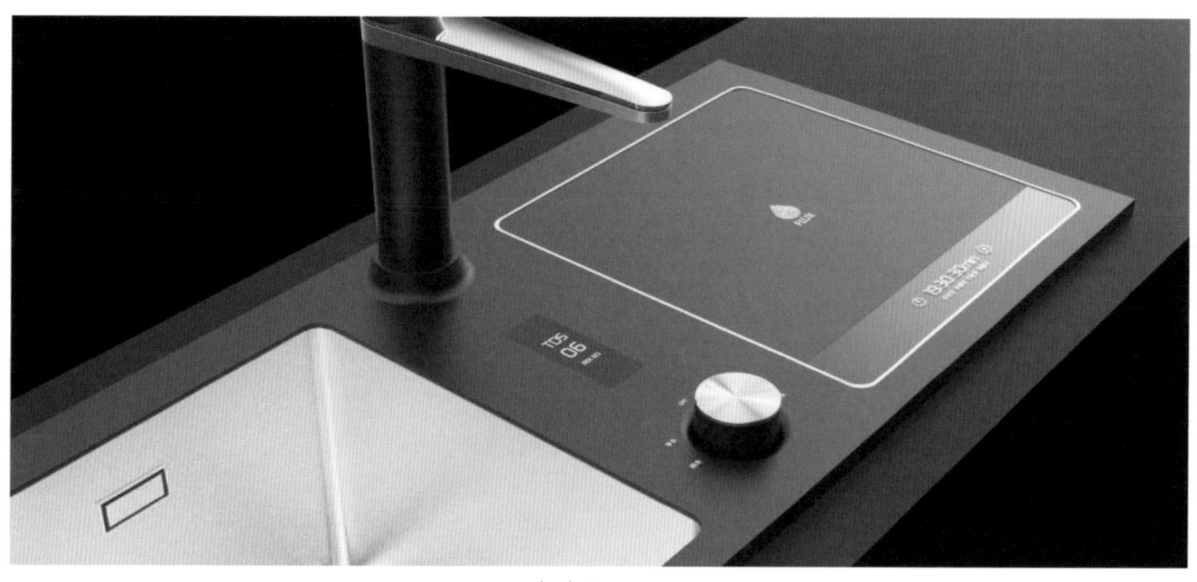

（b）效果图2

图4-15　产品设计效果图

表4-1　FLUX家庭智能饮用水净水器设计过程

		发现	理解、分析	解决
整合创新的流程		背景BTU分析 桌面调研 深度访谈 发现问题 定义问题 确定方向	竞品分析与评估 确定关键词 用户形象故事 用户流程图 确立产品定义	机会点与要点 产品风格意向 可用性测试 设计表达 确定品牌属性 讲述品牌故事
整合创新的方法与工具	思维			
	数据收集			
	数据分析			
整合创新的相关理论	管理			
	商业			
	品牌			

ICON图释

- 设计与管理
- 设计与品牌
- 设计与商业
- 思维发散的方法
- 思维归纳的方法
- 以“访谈”为途径的数据收集方法
- 以“观察”为途径的数据收集方法
- 以“创作”为途径的数据收集方法
- 数据洞察分析
- 商业模式分析
- BTU综合分析

2. 超声波-水槽式婴儿洗衣机设计

本设计方案基于超声波技术，聚焦解决婴儿衣物的清洁问题。设计小组经设计概念发散，最终开发了一个在水池上的洗衣机概念。该产品的目标用户是年轻女性等追求生活品质的特殊人群。设计采用水槽式布局，同时兼顾洗手池与婴儿小件衣物及尿布频繁清洁功能。此外，产品内置有超声波清洁模块，可以有效减少衣物磨损。衣物清洁后，还可以在里面烘干加热。

产品的使用环境是卫生间的洗手池旁边，与小件衣物清洗的习惯位置相吻合，适应用户的行为习惯。(图4-16)

图4-16　产品使用环境定义

产品的功能区域主要分成两个部分。第一部分是日常的水池区域，可以局部或全部手洗一些衣物；第二部分是洗衣机的区域，可以进行小件衣物的机洗。(图4-17)

产品的尺寸比较符合日常的水池尺寸，其中水龙头距台面17.5毫米，洗衣机总高56毫米，台面长107毫米、宽53毫米。(图4-18、图4-19)

设计小组经研究发现，婴儿衣物在清洁过程中存在高效、轻柔、局部污渍清洗、杀菌可视化、洗衣体验场景化充分利用空间、烘干分类清洗、可持续使用(婴儿长大后依然可以使用)等需求。(图4-20)

A+B

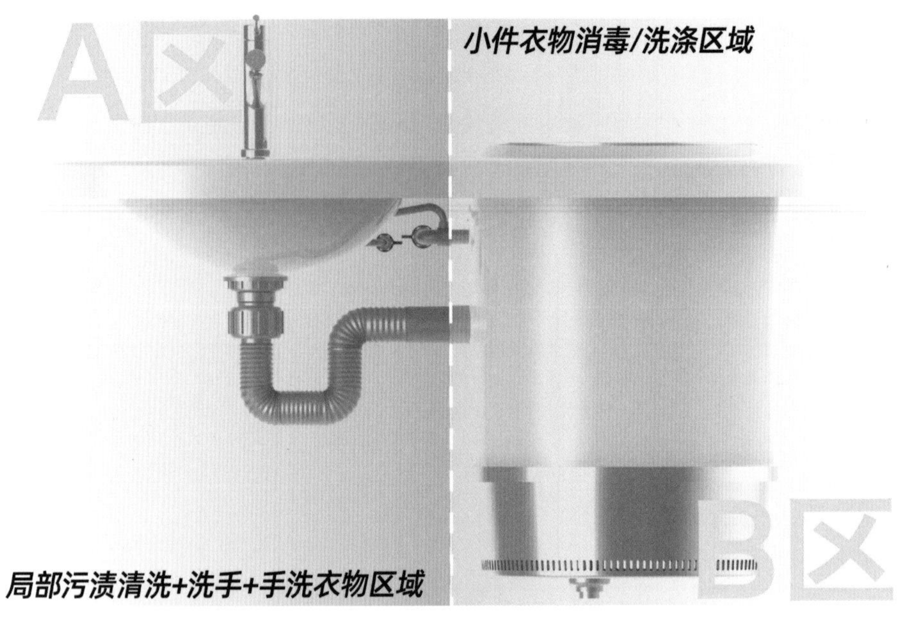

图4-17　产品功能分区定义

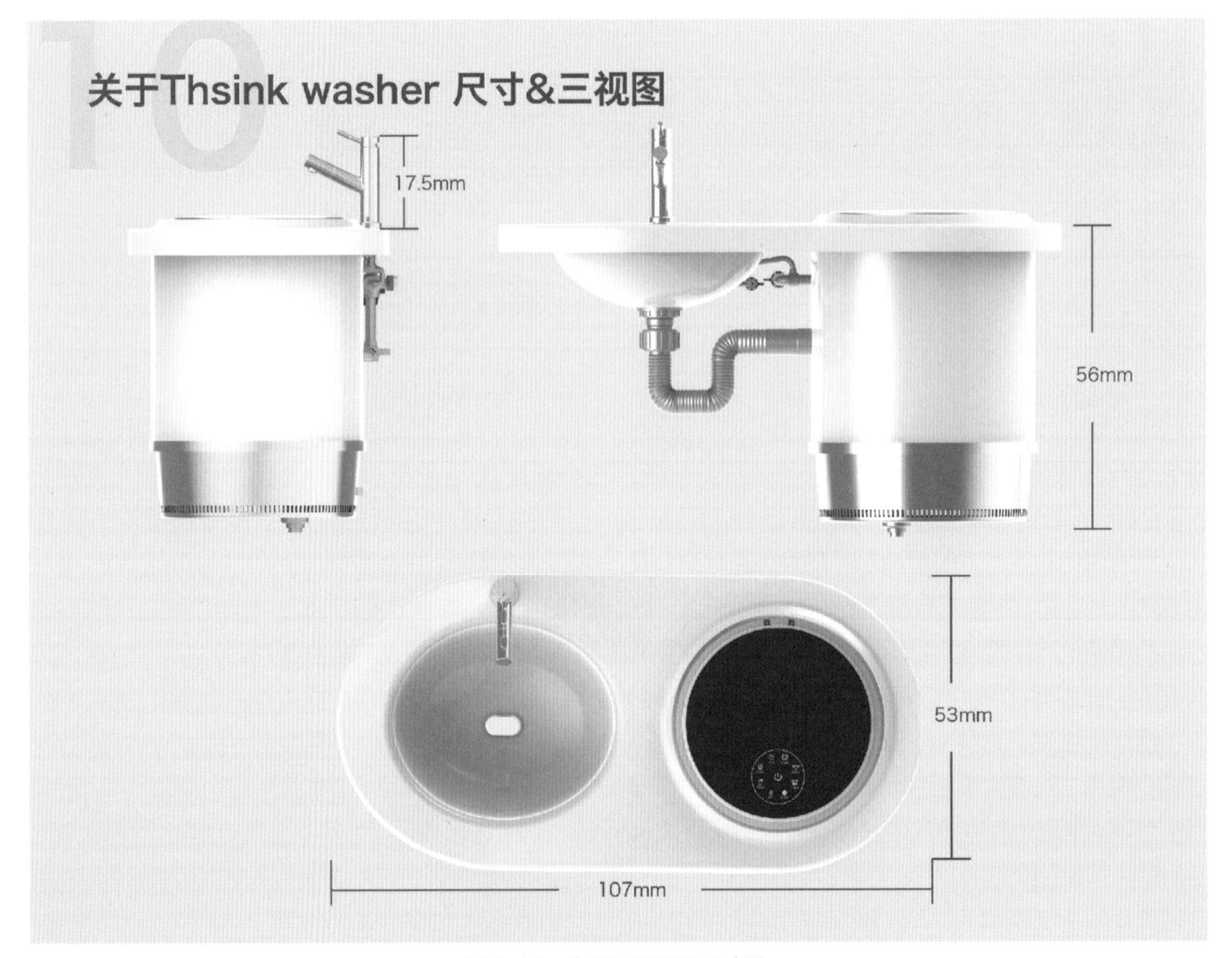

图4-18　产品三视图及尺寸图

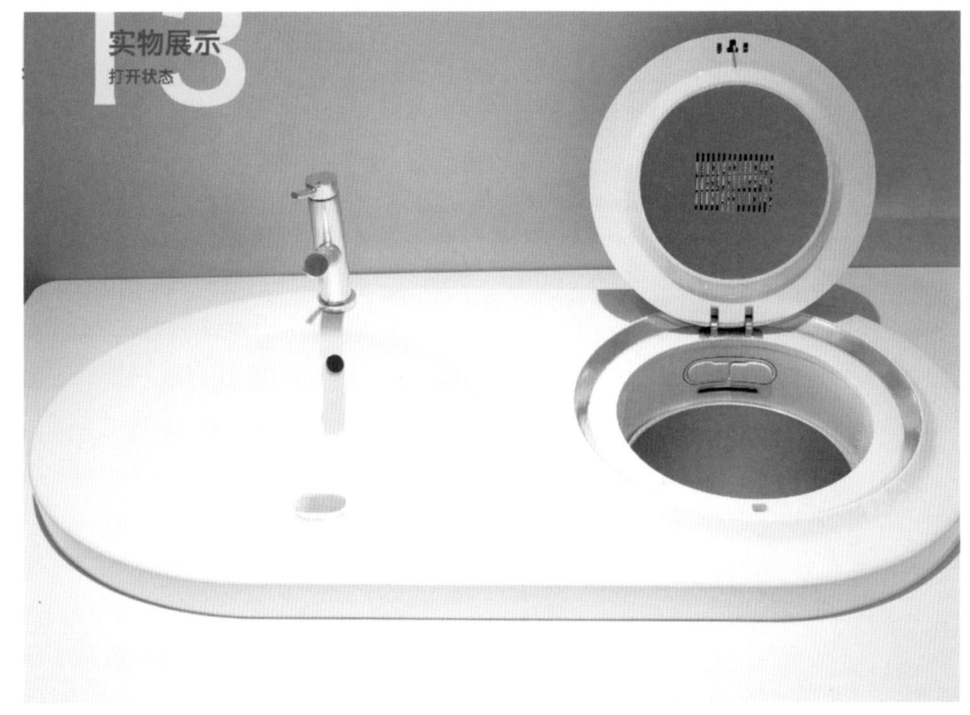

图4-19　产品实拍图

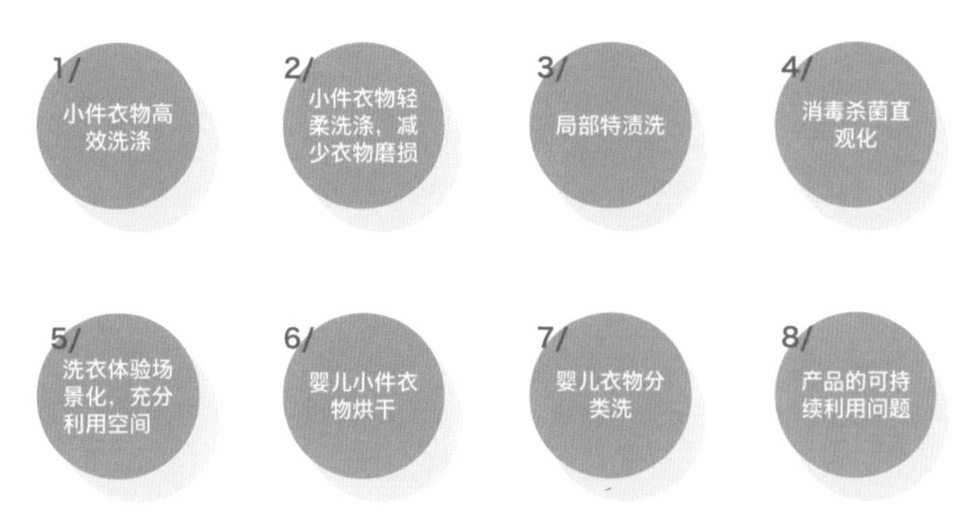

图4-20　需求总结

在明确设计核心的切入点之后，设计小组对相关产品的内部结构进行了研究，其中包括超声波换能器、超声波发生器、大功率超声波换能器与电路图。（图4-21）

基于相关产品内部结构进行的研究，设计小组给出了设计方案的内部结构组成及工作原理。其中包括洗衣机主控制板、抽湿风机、洗衣机排水口、雾化烘干换能片、超声波雾化烘干发生器、电磁排水控制阀、洗衣液存储、洗衣液储存起泡盒、洗衣机出水口、洗衣机进水电磁阀、洗衣机喷淋进水电磁阀、洗衣机喷淋臂、超声波换能器、洗衣机排水口、喷淋臂旋转电机、超声波发生板、洗衣机排水电磁阀。（图4-22、图4-23）

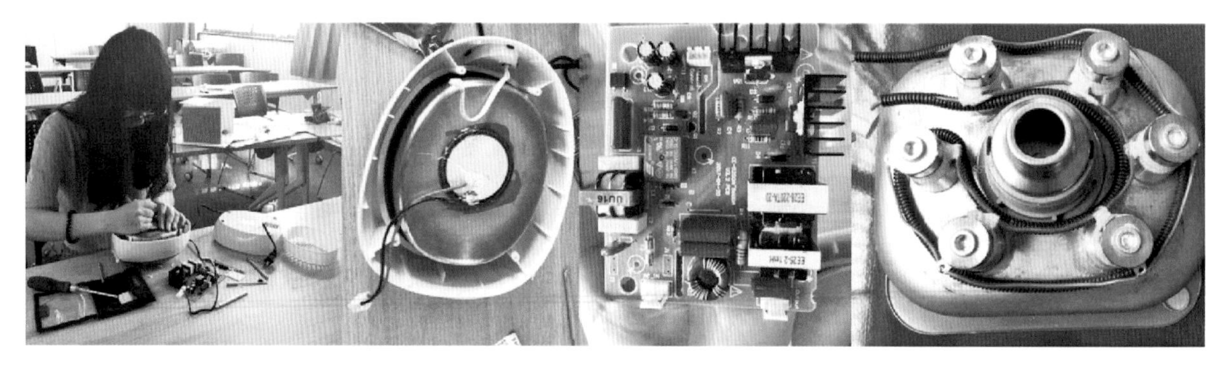

拆机研究 超声波换能器 超声波发生器 大功率超声波换能器与电路图

图 4-21 产品内部结构研究

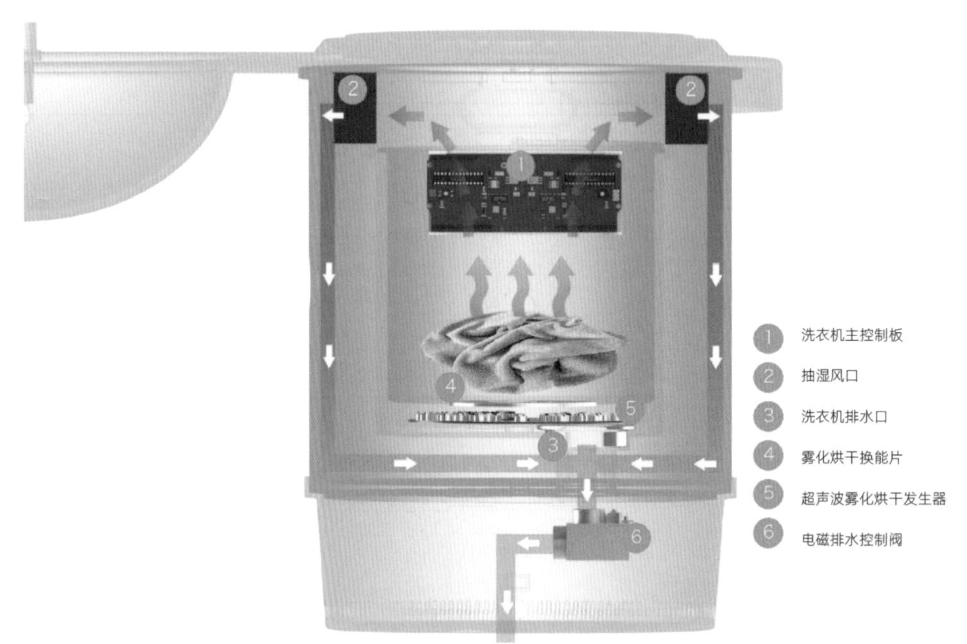

图4-22 产品内部结构及原理示意1

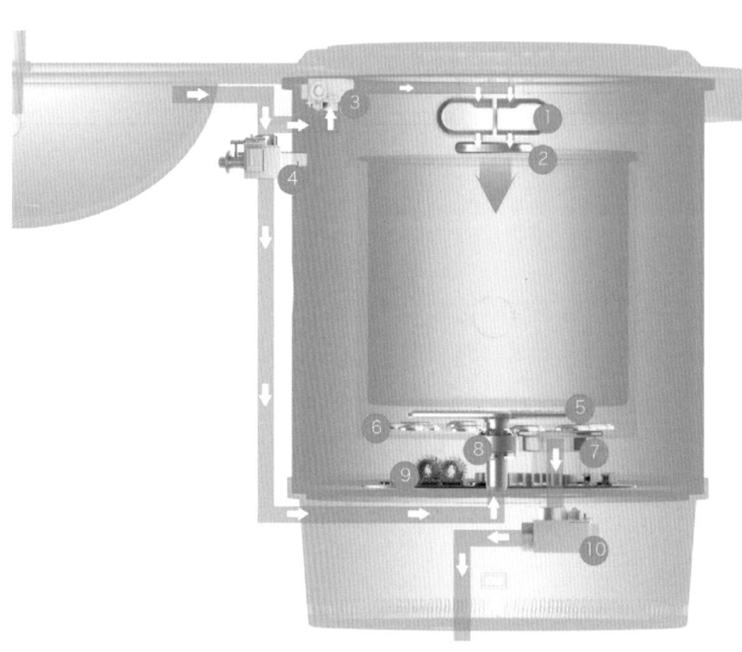

图4-23 产品内部结构及原理示意2

3. 基于新环境下的E-neat母婴专用洗衣机设计

该方案设计了一个专门针对婴儿贴身内衣物的专洗机。方案利用超声波技术，免洗涤剂，解决了洗涤剂对宝宝的健康侵害问题。产品的生命周期长，在宝宝过了0~3岁这个年龄段后，同样适用于成人常更换的贴身用品的清洗。

该方案使得产品具有了可延展性，除了解决婴儿衣物的清洁问题，还能解决男性袜子堆攒和女性内衣清洗的麻烦。同时，将衣架与洗衣机内部结构进行模块化组合，衣服洗完扭干可以直接晾晒，既节省空间，又方便收纳。此外，还简化了洗衣机的操作界面，老年人也可轻松使用。[图4-24（a）]

该方案利用旋转电机以及齿轮互相咬合带动内筒底端的金属环进行水平旋转，从而带动整个橡胶衣笼扭转变形，模仿手拧动作，挤压脱水。[图4-24（b）]

该方案中，产品的外筒加上便携的烘干衣架，实现了双效烘干功能。外筒风干区从底部进风口进风时，通过PTC加热板将冷空气加热，热空气上升，到达桶口出风口处，从而烘干衣服。同时，控制板通过控制供电板给升降杆顶部的线圈供电，使得烘干衣架底部线圈产生感应，进行烘干任务。[图4-24（c）]

使用时，将烘干衣架上的衣钩拉出后，衣架不仅具备了悬挂功能，而且便携，还能够节省盖内空间。[图4-24（d）]

该方案还设计了便携烘干模块，通过电磁感应导电杆，将供电底座与便携式烘干衣架相连接，从而给烘干衣架供电，进行烘干任务。用户可以根据自己贴身衣物的晾晒需求进行模块化组合，调节供电杆的高度。[图4-24（e）、图4-24（f）]

（a）产品整体效果

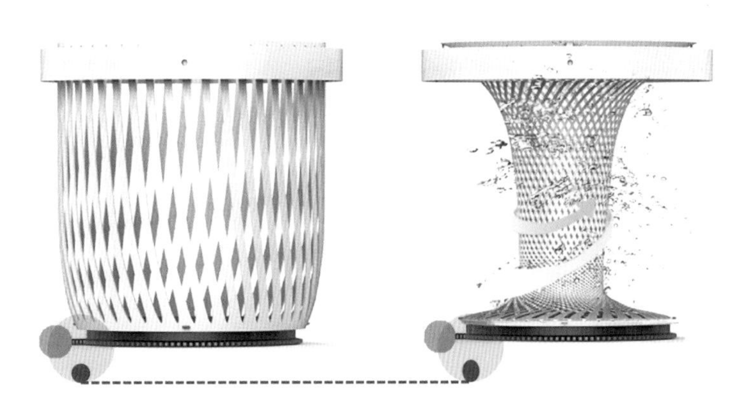

（b）产品仿手洗结构设计

（c）产品双效烘干结构设计

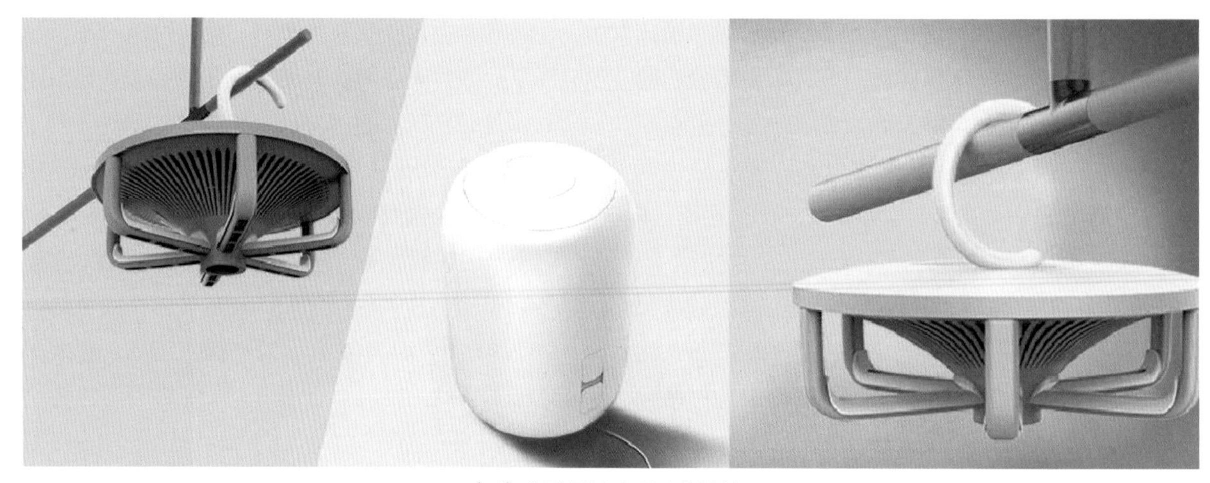

（d）产品悬挂晾晒功能设计

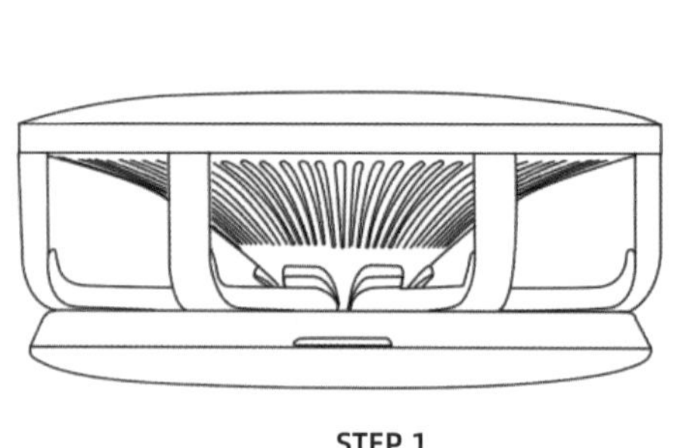

STEP 1
烘干衣架与底座

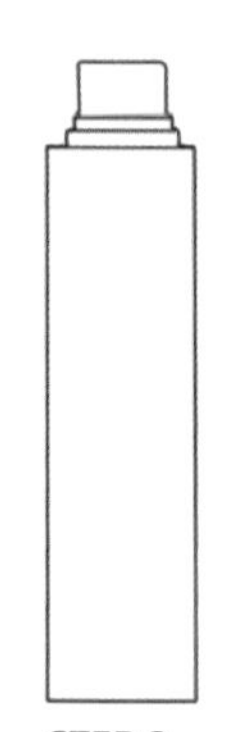

STEP 2
根据被洗衣服的晾晒需求
选择电干的个数

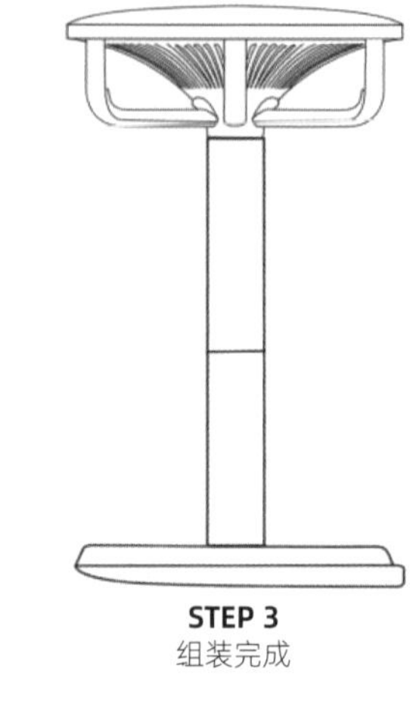

STEP 3
组装完成

（e）便携烘干模块使用步骤详解

（f）便携烘干模块使用场景

图4-24　E-neat母婴专用洗衣机设计方案示意

4. **基于厨房场景的水池净水系统一体化设计**

该设计针对达到小康水平的三口之家以及新一代白领家庭，以厨房用水净化程度细分为主导功能，通过对水槽、净水器、水龙头进行整合化创新，使用户可以很容易地更换滤芯，切换用水模式，改变用水的使用方式，并改善用户饮用水的质量与健康问题。使用该产品时，用户不仅可以很快速地识别饮用水的健康与否，还能减少水资源的浪费。

该设计方案包括两个独立的部分，一个是水池部分，一个是沥水篮附件部分。沥水篮可以在水池上前后移动，方便放置食物。水池的水龙头通过旋转滑动进行水温的调节控制。（图4-25）

水池的内部结构包括稳压泵、电路板、TDS检测针、集成化水路、滤芯仓、进水阀和出水阀。在本方案中，为了最大程度地节约厨房台下的空间，同时方便滤芯的更换，将滤芯仓放置在了水龙头的一侧。只需按下按钮便可打开滤芯仓，进行滤芯的更换。（图4-26）

（a）水池与沥水篮附件搭配使用场景1

（b）水池与沥水篮附件搭配使用场景2

（c）水池清洗场景

（d）水温调节功能

（e）水池整体效果

图4-25　方案效果图

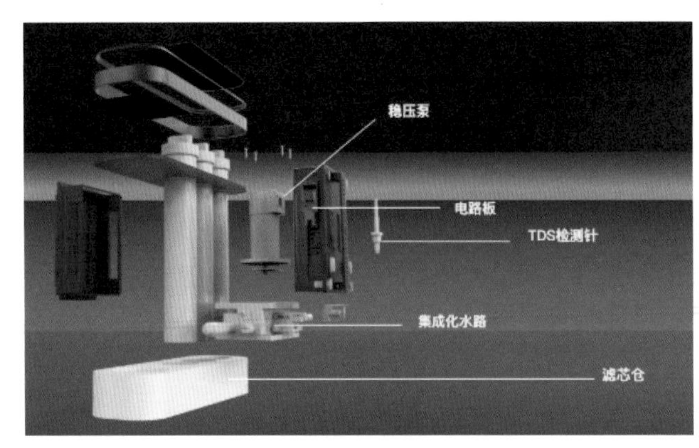

（a）水池内部结构1

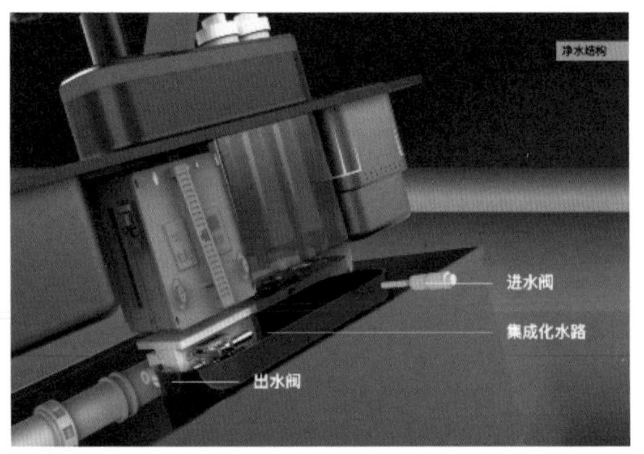

（b）水池内部结构2

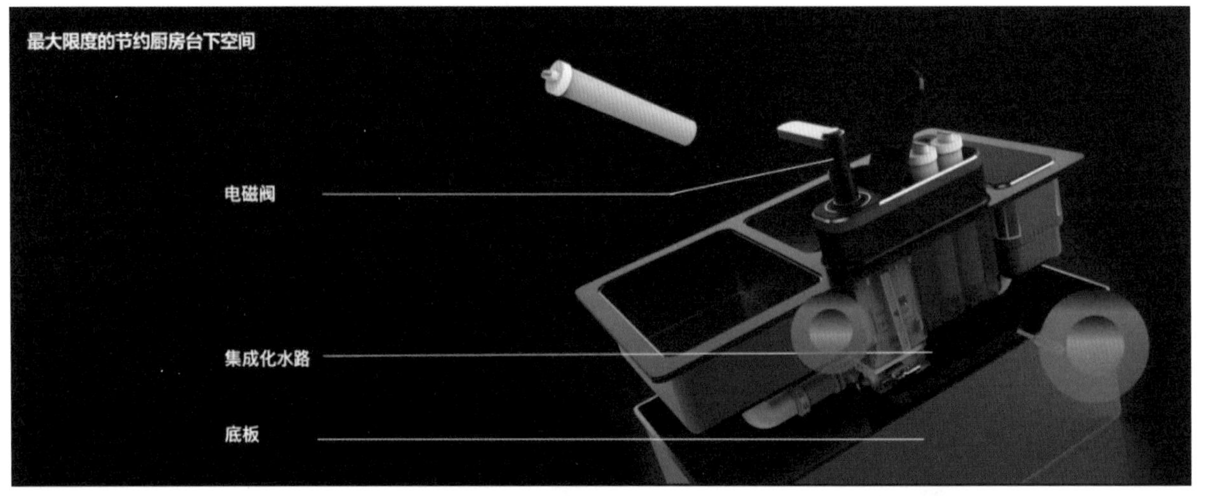

（c）水池内部结构3

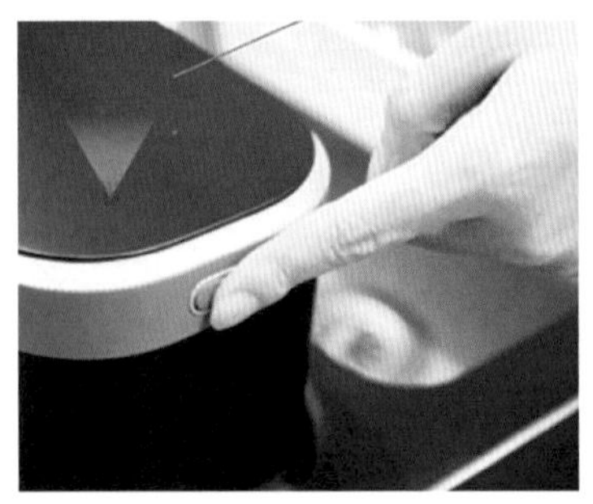

（d）按钮按压

（e）打开上盖

（f）更换滤芯

图4-26　方案净水系统设计

5. Chopstick 中式家庭餐具清洗机设计

该设计是集成了烘干消毒收纳和超声波清洗的智能多模块系列餐具清洗机。产品分为两个模块。清洁模块：主要功能为清洗餐具，也提供了一些配件来清洗一些体积较小的水果和茶杯。消毒模块：其功能为收纳、烘干、消毒，并智能感应餐具的启动或关闭。

该设计是个系列产品，包括三种不同的外观形态。第一种是一款透明材质横放的餐具收纳盒，方便用户看到其中的物品详情。第二种是一款横放的不透明餐具收纳盒，可以搭配在其他位置使用。其全封闭的外观保证了视觉上的干净整洁。第三种是一款竖放的餐具收纳盒，其中的金属容器可以向上取出，侧面还设置了部分透明材质，方便查看内容物。虽然三种形态各异，但其结构大同小异。同时其核心元器件都放置在底座，其中包括了超声波发生器等元器件。（图4-27）

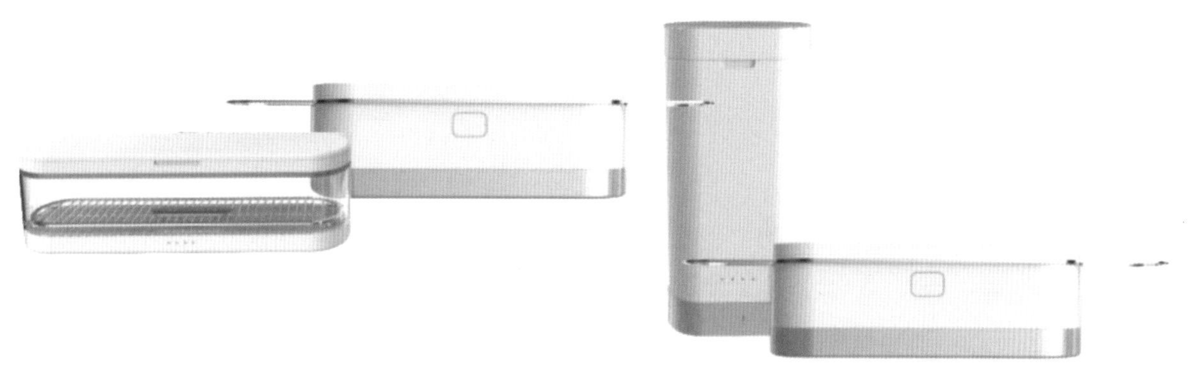

（a）三种外观形态

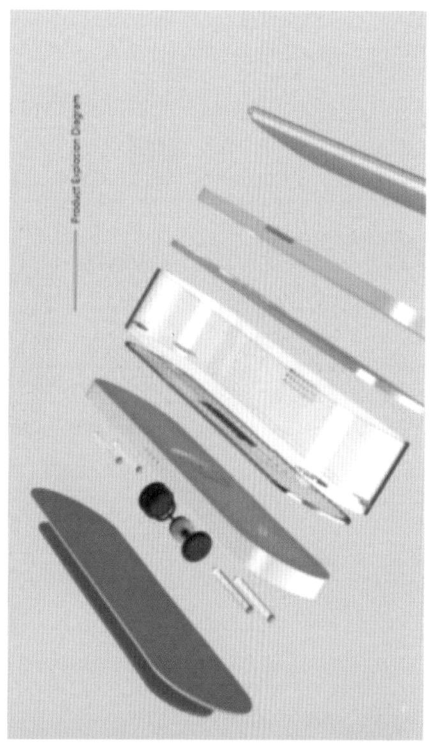

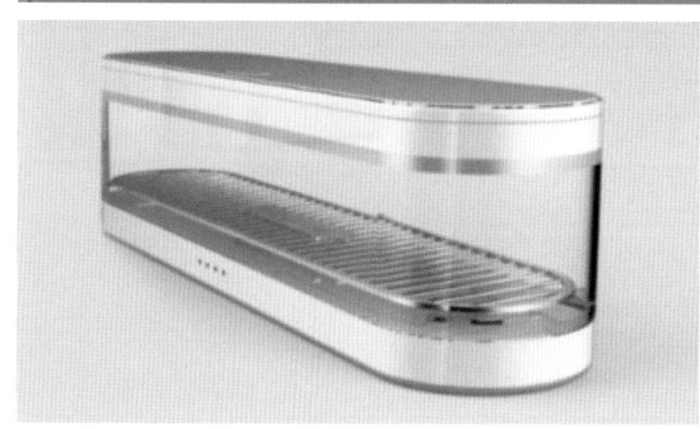

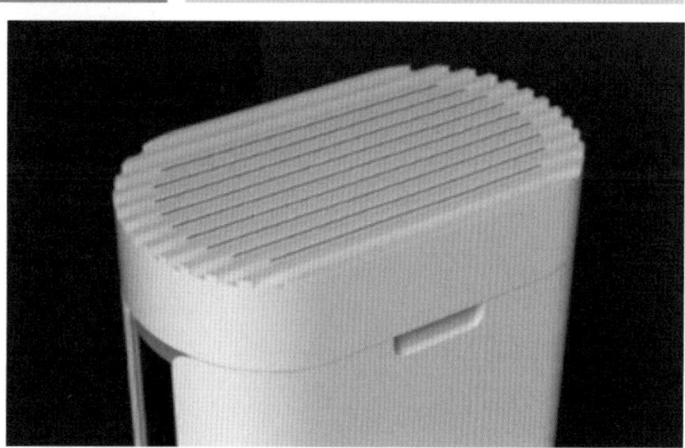

（b）细节展示1

（c）细节展示2

（d）细节展示3

图4-27　餐具清洗机设计方案示意

6. DALE家具式智能母子空气净化器设计

该设计的目标用户是对生活有品质追求的中高收入阶层，如常在移动或不定环境中睡觉的设计师或程序员。产品的主要功能是空气净化（杀菌、除螨、除烟尘、除甲醛）、加温降噪、定时、灯光调节、储物、充电、防辐射等，在空气净化的基础上，还针对睡眠的场景进行了一些功能改进，并增加了一些提高用户体验的可选模块，如香薰、加湿、除湿、音乐及智能监测调节等，以满足不同用户在不同季节（时间）下的需求以及不同阶层的价位需求，从而最大限度地使不同用户获得良好的睡眠体验。产品的使用场景主要是在卧室及脱离卧室以外的临时睡眠空间，其分体式设计，适应多场景的睡眠空间，让用户无论在卧室还是在其他地方都可以享受良好的睡眠。主要技术为超声波、负离子和滤网技术。（图4-28至图4-30）

图4-28　产品效果图

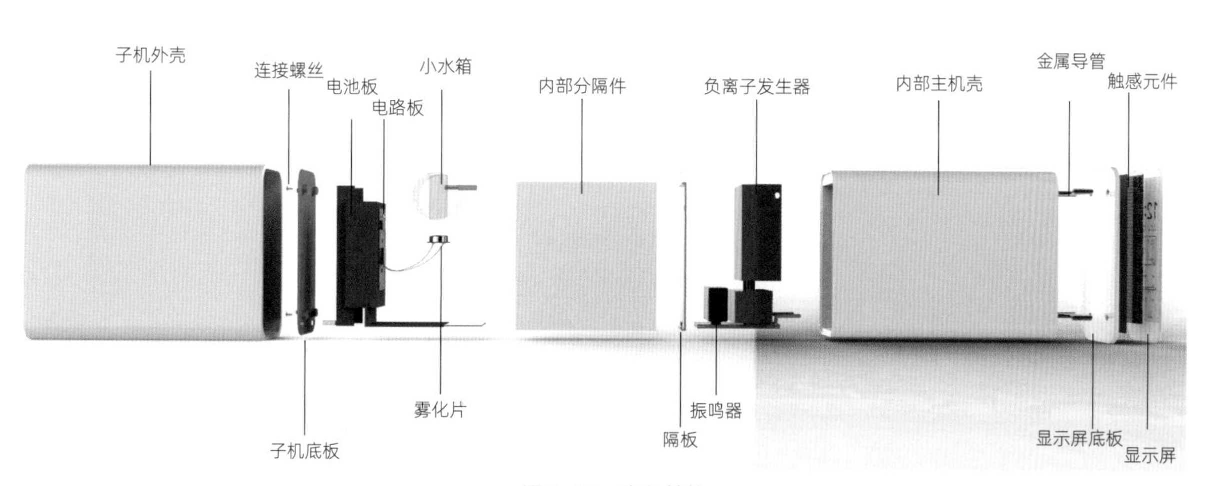

图4-29　产品结构

图 4-30　产品使用场景

第二节　无技术限定的课题训练与案例解读

一、课题简介

本章选取的第二个课题是“面向未来健康生活的产品设计”。该课题并没有限定具体使用的技术手段来开展整合创新设计训练，但在训练过程中，需要学生围绕健康生活，提出不同创新方案。

该课题的设计目标为研发出满足未来健康生活需要的产品。针对这个设计目标，各小组同学分别展开了不同角度的调查，发现了具体的问题及设计机会点。

二、案例解读

1. YIFUN家庭多功能中医养生产品设计

该案例设计过程在各阶段的内容可以概括如下：

（1）前期调研

设计小组通过行业报告、查阅学术论文、实地调研、访谈相关领域专家等途径，初步获得前期资料，对相关领域的国内外研究现状有了一定基本了解：目前，中药煎煮及其研究在国内较为常见，患者一般根据药方到医院抓药，回家后将药物放入砂锅中熬制；中医药在国外则使用较少，相关研究也比较薄弱。此外，还对用户、技术、市场进行了调研。（图4-31）

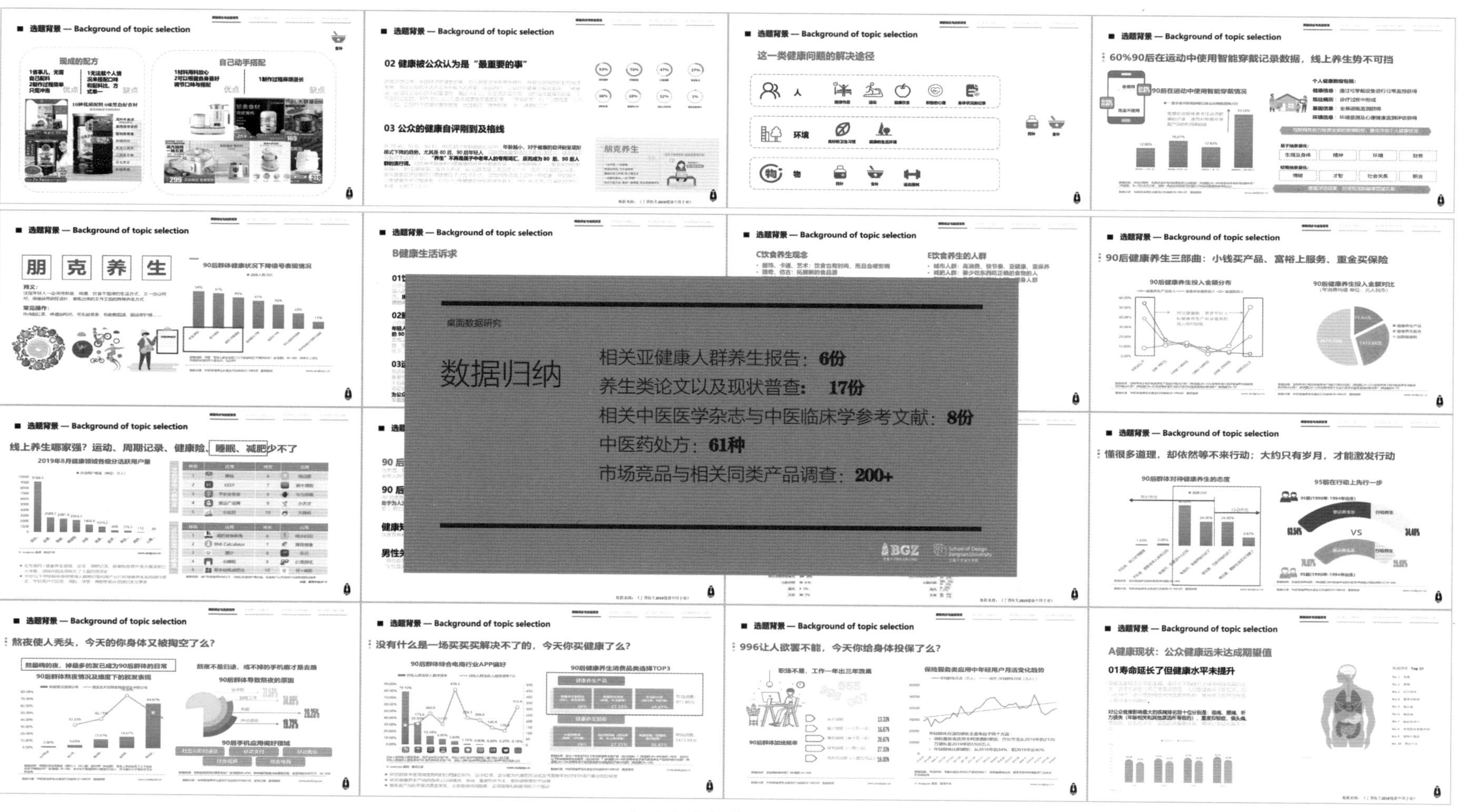
桌面数据研究
数据归纳
相关亚健康人群养生报告：6份
养生类论文以及现状普查：17份
相关中医医学杂志与中医临床学参考文献：8份
中医药处方：61种
市场竞品与相关同类产品调查：200+

（a）行业报告调研资料

用户层面

从用户层面来说，家庭中医养生方式存在诸多问题，如：难以找到适合现代人们生活的中医养生方式、难以提高传统煮制效率，难以提高制作处方的体验。综合各方面来比较，家庭中医养生耗时长、收益差，不同的养生用户也需要根据自身的身体实际情况来快速匹配适合自己的养生处方，中医药制作效率有待进一步的提升，人们更希望高效率和省时省力的制作方式。

技术层面

从技术层面，超个性化产品迈向诊断性、高度个性化的健康产品和服务现在越来越多。产品的智能交互与大数据分析将融入产品之中。现有养生类产品功能虽多，但与中医药的煎煮方式并不一定相宜，市面产品仍然处于手动或半自动的形式，不够高效，设置很多与中医药养生无关的功能，不具有药物所需的相关的功能。

市场层面

市场层面，中医药养生正以前所未有的速度进入主流，用户群体基数大，并且需求为调理身体、防衰老和慢性疾病的用户占了其中的一半以上，因而提高产品的使用体验显得尤为必要。现代社会个体生活特点差异性较大。从治疗到养护，越来越多的消费者注重日常保健，但不当的饮食养生，容易产生营养过剩。中医药养生提前了解用户的个人体质、用户适合的食补方法，整合医疗资源，重构并有效利用，在为健康的家庭中医药养生生活提供问题解决方案具有很大潜力。

（b）用户、技术、市场调研资料

图4-31　前期调研资料

（2）机会发掘

在此阶段，设计小组主要进行了市场调研分析、竞品分析（图4-32）、技术原理分析等。经过调研发现，设计的宏观背景中有五个方面的新内容。第一，新器具。需要用现代技术解决中药煎煮过程中的痛点，改进家庭操作的体验。第二，新药方。需要根据现代生活的特点，提出符合人们需要的药方。第三，新态度。在产品开放过程中，应该从治疗症状转变为预防，在治未病中发挥重要作用。第四，新文化。人们对于中医有了更多的肯定和接受。第五，新空间。家庭成员更加多样化，使用空间也更加灵活多变。

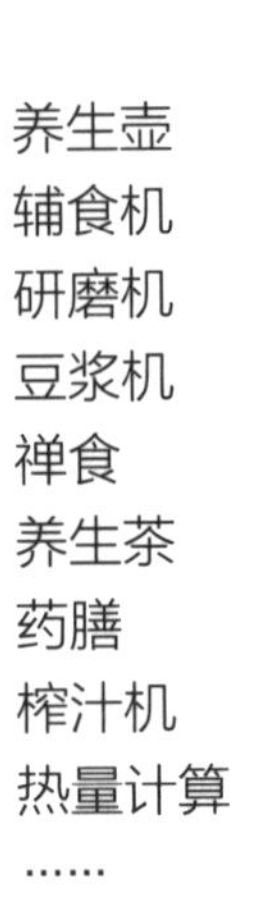

图4-32　竞品分析

此外，小组成员在调研中发现当下国内养生类产品形态大多是传统壶具面貌，因此根据不同的养生进行了新的设计，最终利用ViP设计法则进行了产品的迭代探索及产品定义，即这个设计针对的人群是中医养生人群和需要进行健康调理的人群，目标是为其提供专业的、更符合中医药物特性、可食疗和养生的产品。通过解决传统中医养生中的痛点，让养生更健康、高效、有趣。（图4-33）

（3）用户定义

通过前期资料搜集，设计小组结合用户访谈、用户调研等方法收集与目标用户相关的信息，在此基础上绘制用户画像，描绘了代表性用户的行为、价值观、需求等。在本次设计中共构建了三类用户画像：长期药补型人群、养生调理型人群和年轻高效型人群。

小组成员通过总结目标用户群体的特点建立人物模型，之后收集了用户关于家庭中医养生行为的分析洞察机会点。此外，还针对目标用户，进行了关于家庭中医药养生整个过程的用户旅程分析，以便在后期方案中深入了解目标用户（群）、充分考虑产品使用情景以及设计的合理性。（图4-34）

以中医药养生定义产品

WHO:中医养生人群、健康调理人群

WHAT：提供专业的，**更懂中医药物、食疗养生**的产品

HOW：**解决传统中医养生中的痛点**，让养生更健康、高效、有趣

中医药养生的核心属性

真正创造性解决中医养生中的痛点
运用现代新科技与新中医养生学让
中医药养生产品变得更

高效

健康

有趣

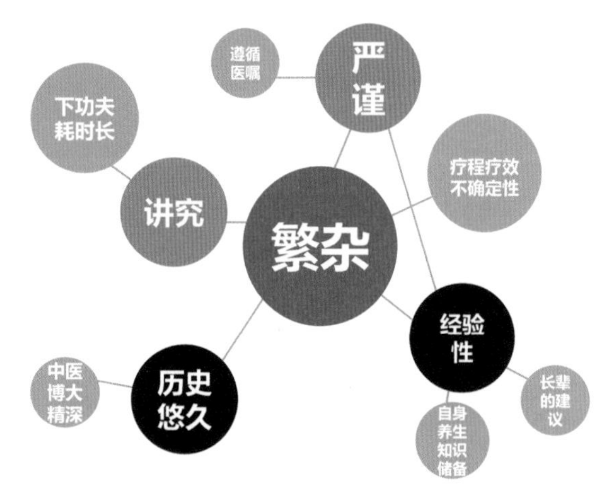

图4-33　定义产品

	[长期药补]型人群	[养生调理]型人群	[年轻高效]型人群
用户定义	长期患有慢性病或顽疾（糖尿病、高血压、癌症、重大外伤康复人员）的病患人群，治疗上采用中西结合的方式进行治疗。	防未病的养生人群，一般没有重大疾病或西医查不出问题，但需要长期调理身体的人群（失眠、妇科、养颜、2020新冠疾病预防医护人员等）。	防未病的养生人群，一般没有重大疾病或西医查不出问题，但需要长期调理身体的人群（失眠、妇科、养颜、2020新冠疾病预防医护人员等）。
用户特征	对中医药生活主导性强： 1-接触的信息多为中医治疗相关信息。 2-对药方以及煎煮有自身的经验，了解自己的药方并且有长期沟通复查的医师。 3-家庭成员会多有照顾，一般有子女或伴侣陪伴，并且陪伴人员也具有相应的中医药护理知识。	对中医药生活有一定主导性： 1-通常相对缺乏中医药知识。 2-煎煮知识倾向于选择值得信赖的人，例如熟人介绍或者家庭有相关健康行业人员。 3-在医院查看其他类似病例的处方，希望提高效率，得到适合自己的处方。	无规律的养生生活，难以坚持： 1-会考虑以中医养生的生活，但不能坚持。 2-会使用一些生活服务类的App，需要各方平台数据及机制维持养生生活的秩序。 3-对中医药知识的不了解。
用户痛点	1-了解药物疗效。 2-减少人工煎煮时间。 3-保证药物的品质。 4-节约药材与省钱。	1-通过网络各类平台信息找到的中医处方知识在生活各方面存在冲突，缺乏专业指导性。 2-药物疗程疗效反馈差，往往是被动等待身体变化。 3-减少煎煮人力成本。 4-希望提高煎煮效率。	1-更高效的调理方式。 2-药物治疗过程中，缺乏自我监督。

（a）用户画像

01/persona

基本信息

姓名：杨建国
男 年龄：58
职业：银行经理
所在地：南京

疾病:高血压、心肺不好
中医经验：经验丰富
身体状态：调理中

代表观念

［年纪大了，用赚来的钱换取健康］

用户描述

杨建国还有7年退休，现在的工作时间长，休息时间相对少。收入和职位稳定，因为年轻时候应酬和作息不规律导致患有高血压，有心脏病遗传史，长期服用中药调理。注重养生，会适量运动。

02/persona

基本信息

姓名：李郝哲
女 年龄：41
职业：外企职员
所在地：长沙

症状：失眠需要中医调理
中医经验：听家里建议
身体状况：调理中

代表观念

［会很注意自己的身体，但是工作也不能落下］

用户描述

李郝哲是在职职员，生活相对规律，有一个8岁的女儿，和父母住在一起，自己身体不太好，母亲会为自己煮中药调理，女儿感冒也是母亲通过中医方子给治好的。

03/persona

基本信息

姓名：张晓晓
女 年龄：26
职业：媒体人
所在地：上海

症状：焦虑、失眠
中医经验：无经验
身体状况：亚健康

代表观念

［朋克养生，熬最长的夜，敷最贵的面膜］

用户描述

张晓晓在媒体行业工作4年了，长期的熬夜生活让她觉得工作实在太累了，经常性的吃宵夜和点外卖，每天下班后她只能在楼下饭店随便吃点，没有力气自己做饭，她希望自己能减减肥，抵抗力弱，感冒了吃传统市面上的感冒药也没效果，希望通过中医治疗调理自己，但又怕麻烦。

（b）数据洞察分析

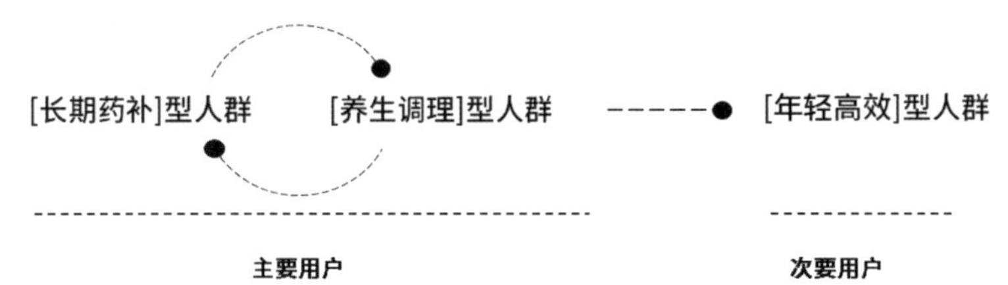

（c）目标用户定位

图4-34　用户定义

（4）方向确定

在理解、分析之后，设计小组明确了设计机会点与设计要点，找到了迭代设计中的相关技术突破点。然后，对迭代产品设计进行了表达，对设计实验和技术可行性进行了分析。之后，又确定了品牌的定位、对品牌进行了描述。

首先，传统家庭中药煎煮中存在不足。如一剂药需要煎煮3次，药剂有效成分低且含有杂质等。

其次，对高压蒸汽萃取技术进行了分析。这个技术分为高温和低温两种。因咖啡冲煮与中药煎煮同属高温水煮，设计小组又分析和参考了咖啡机的萃取技术。咖啡机萃取主要采用了高压蒸汽和水混合物快速穿过咖啡，从而在瞬间萃取出咖啡的方法，这样的方法制作出的咖啡温度非常的高，同时在咖啡中所含的杂质也很低，咖啡口感也会更加浓郁。通过萃取，能从固体或液体混合物中提取出所需要的物质。经过咖啡机萃取的咖啡，味道比没有萃取过的咖啡营养更为充分，喝起来具有韵味。（图4-35）

然后，设计小组对传统煎煮技术和萃取技术进行了对比实验。经实验发现，在加水、药方、煮出药物不变的情况下，传统煎煮的混合后药物的澄明度略低于蒸汽萃取的，蒸汽萃取的失水量更小，萃取出的药液更多，所需时间更短。综上，萃取技术在非特殊药物（阿胶、特殊药方）的蒸煮方面，在时间效率、药材节省方面优于传统煎煮。（图4-36）

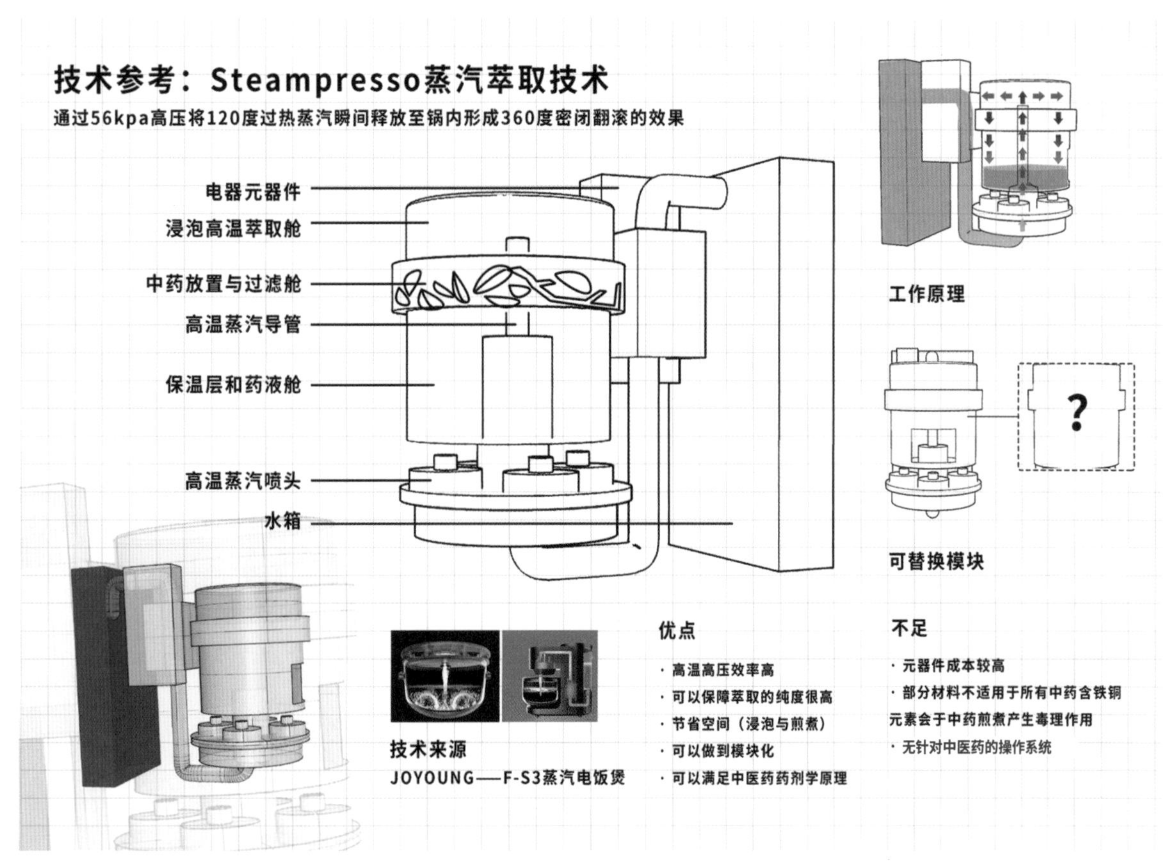

（a）

技术参考：PHILIPS冲煮咖啡机

拥有两个咖啡豆容器的研磨和冲煮咖啡机

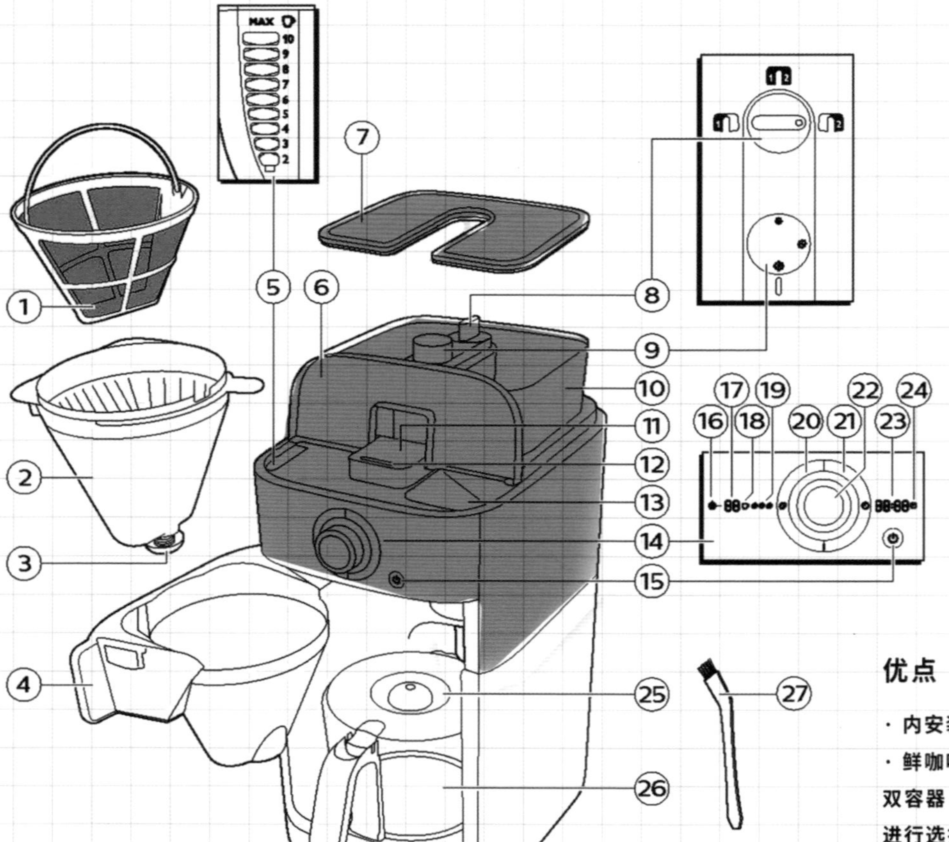

技术来源

PHILIPS咖啡机 HD7762/70

基本说明

1 永久性过滤网
2 滤框
3 防滴漏功能
4 滤框支架
5 水位计
6 水箱盖
7 咖啡豆容器盖
8 咖啡豆容器选择器
9 粗度旋钮
10新鲜咖啡豆双容器
11研磨机漏斗盖
12研磨机漏斗盖锁
13注水孔
14显示屏
15开/关按钮
16预研磨咖啡图标
17杯数
18咖啡杯图标
19咖啡豆浓度选择图标
20浓度选择按钮
21预约按钮
22控制钮
23时间指示
24定时器图标
25玻璃壶盖
26玻璃壶
27咖啡豆斜槽清洁刷

优点

· 内安装一体式研磨机
· 鲜咖啡豆双容器创造更多不同双容器，可以在两种咖啡豆之间进行选择或者同时选择两种类型
· 浓度选择功能便于调节咖啡的浓度
· 可以满足中医药剂学原理

不足

· 元器件成本较高
· 做不到模块化
· 无针对中医药的操作系统

（b）

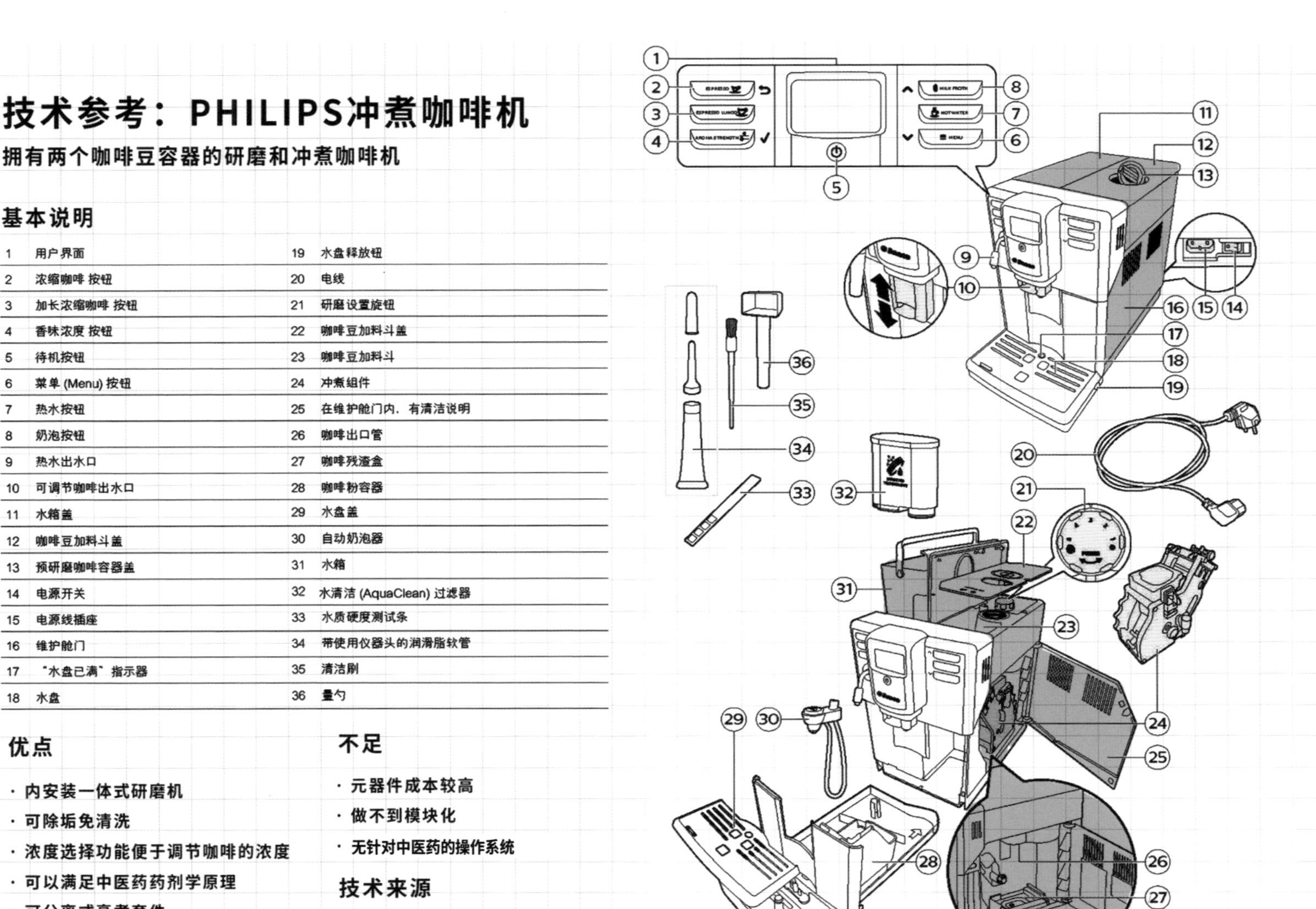

技术参考：PHILIPS冲煮咖啡机

拥有两个咖啡豆容器的研磨和冲煮咖啡机

基本说明

1	用户界面	19	水盘释放钮
2	浓缩咖啡 按钮	20	电线
3	加长浓缩咖啡 按钮	21	研磨设置旋钮
4	香味浓度 按钮	22	咖啡豆加料斗盖
5	待机按钮	23	咖啡豆加料斗
6	菜单 (Menu) 按钮	24	冲煮组件
7	热水按钮	25	在维护舱门内，有清洁说明
8	奶泡按钮	26	咖啡出口管
9	热水出水口	27	咖啡残渣盒
10	可调节咖啡出水口	28	咖啡粉容器
11	水箱盖	29	水盘盖
12	咖啡豆加料斗盖	30	自动奶泡器
13	预研磨咖啡容器盖	31	水箱
14	电源开关	32	水清洁 (AquaClean) 过滤器
15	电源线插座	33	水质硬度测试条
16	维护舱门	34	带使用仪器头的润滑脂软管
17	“水盘已满”指示器	35	清洁刷
18	水盘	36	量勺

优点

- 内安装一体式研磨机
- 可除垢免清洗
- 浓度选择功能便于调节咖啡的浓度
- 可以满足中医药药剂学原理
- 可分离式烹煮套件

不足

- 元器件成本较高
- 做不到模块化
- 无针对中医药的操作系统

技术来源

PHILIPS——Saeco Incanto

（c）

图4-35　技术参考与分析

对照同样一副药方，采用不同的制备方式，探究其中的效率、萃取率等问题，并推敲验证产品人机尺寸。从理论上来讲，我们可以得出蒸汽萃取技术在中药的煮制方式上是可行的，为了论证这一结论，我们做了一组对照实验以展开进一步的分析。

（a）

实验组

对照组

（b）

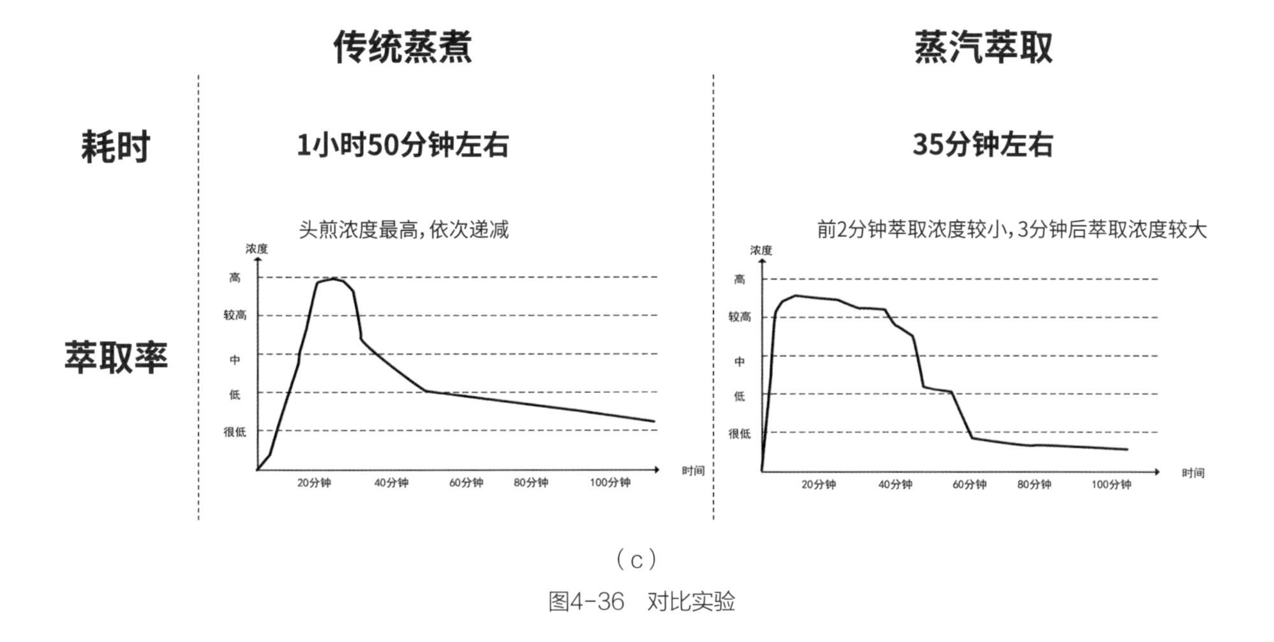

（c）

图4-36　对比实验

在实验中，设计小组也对煮药过程中的需求问题对应的解决方案和相关技术进行了梳理：①长期服药的人群需要知道药物剂量，因此需要解决下料时的称量问题。②用水量需要控制，因此需要提供水箱或量杯对加水量进行控制。③浸泡时间比较长，费时间，因此需要有专用的浸泡舱室。④准备的工具很多，因此需要进行产品的一体化设计。⑤加热过程中需要对火候进行控制，因此需要武火和文火控制电子元器件。⑥粘锅、糊锅的问题时有发生，因此需要防粘材料。⑦有中药榨取的需求，因此需要进行挤压过滤的设计。⑧有判断煎煮程度的需求，因此需要智能检测部件。⑨倒药物时不方便，因此需要设计滤水设施。⑩有混合分剂量的需求，因此需要存储药剂的杯子或容器。⑪容易凉，因此需要考虑保温。（图4-37）

最终，结合前期研究，设计小组选定了设计的核心价值点。第一，解决注入水量的控制问题。通过智能定量控制，减少人为失误。第二，解决加水浸泡耗时问题。通过研磨增大扩散面积，缩短浸泡时间，提高效率、节省时间。第三，解决三次煎煮的问题。通过蒸汽萃取技术，缩短时间，节省药材，提高效率。（图4-38）

实验中的问题：	解决方案：	相关技术：
长期服药人群药物剂量	产品下料需要有称量模块	高压蒸汽萃取技术
用水量的控制	水箱&量杯控制加水量	超声波提取技术
浸泡时间长	专用浸泡舱室	
准备过多的工具	产品一体化设计	加热线圈
加热过程的火控制	武火&文火控制电子元器件	打碎叶片（可有可无）
		水箱
粘锅、糊锅	防粘材料	控制面板
榨取中药	挤压过滤装置	出药口
判断煎煮程度	智能检测	出药口容器箱
倒出药物	滤水设施	保温层
混合分剂量	储存药剂的杯子或容器	可拆卸替换装置
保温		

图4-37　实验中出现问题的解决方案及相关技术

BEFOER	REASON	AFTER
注入水量控制	头煎加水量应包含饮片吸水量，煎煮过程中的蒸发量及煎煮后所需药液量。二、三煎加水量应减去饮片吸水量。由于不同药材的性能存在差异，煎药时的火力大小也可能不同，所以，实际操作时加水很难做到十分精确。	智能定量控制 减少人为失误
加水浸泡20~30分钟	避免因饮片表面的淀粉、蛋白质膨胀，阻塞毛细管道，使水分难于进入饮片内部。	研磨增大扩散面积，缩短浸泡时间 提高效率，节省时间
药物二次煎煮、三次煎煮 混合药液	因为煎煮时，有效成分会先溶解在进入饮片组织内的水液中，然后再通过分子运动扩散到饮片外部的水液中。当饮片内外溶液的浓度相同时，因渗透压平衡，有效成分就不再扩散了。这时，只有将药液滤出，重新加水煎煮，有效成分才会继续溶出。	蒸汽萃取技术，缩短时间 节省药材、提高效率

图4-38　设计的核心提升点

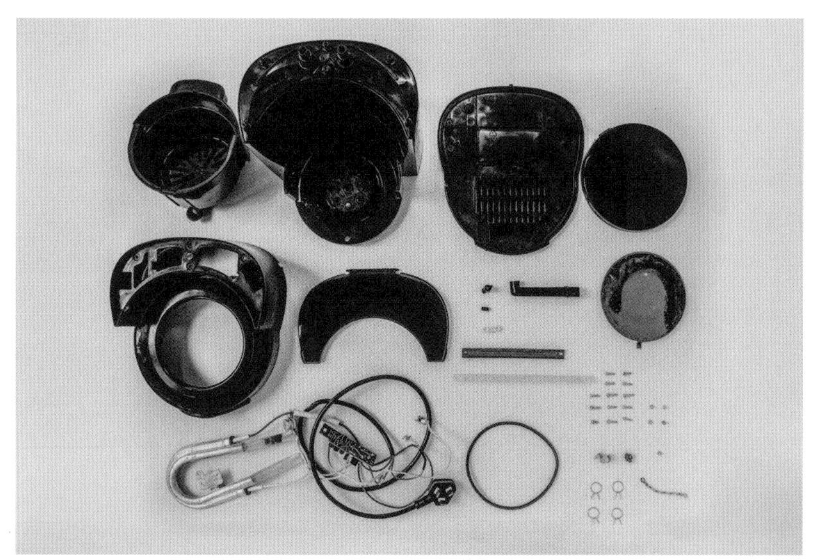

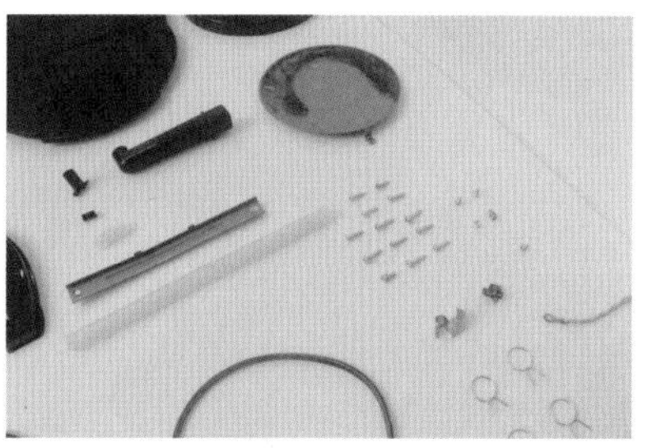

标号注释

01: 继电器
02: 控温器连接线
03: 按键开关
04: 外接交流的“零”线端
05: 外接交流的“火”线端
06: 后级驱动电路
07: 电路主板
08: 控温器

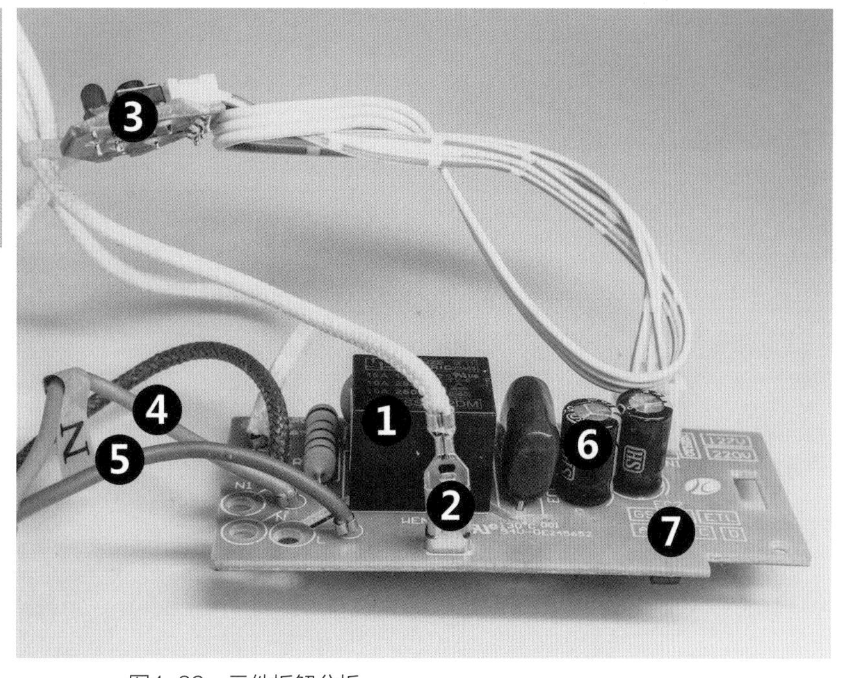

图4-39　元件拆解分析

（5）设计元件分析

通过前几个阶段确定最终的设计方向与设计草图后，设计小组从人机关系、简化结构、造型元素、简化拆装步骤、多功能等方向入手，进一步明确设计方案的结构设计、品牌的定位、品牌的视觉形象等。

首先，对相关元件进行了拆解分析。其中核心的元件包括：继电器、控温器连接线、开关、外接交流的线路、后级驱动电路、电路主板、控温器。（图4-39）

其次，结合元件分析，进行了设计方案元件的排布和分析。其工程部件包括：顶部盖子外壳、蒸汽发生环、蒸汽孔、顶部盖子卡扣、旋转部件、产品外壳、中药蒸舱、旋转马达和刀头、集药底盖、水箱盖、蒸汽导管、水箱、水箱标注线、蒸汽管、电路板防水盖、电路板、加热底座、加热线圈、底座盖、散热底座盖、开盖开关、注水线、集药上盖、集药把手。(图4-40、图4-41)

在产品的操作系统中，设计小组设计了保温、预约、设置以及清洗四大核心功能，用户可以根据个人处方需求进行蒸制和调整。产品App端也为使用者提供了相应的信息服务，以方便用户学习和了解更多中医药健康养生知识。App端以简洁、干净、实用为主，偏向人群为中医养生人群。(图4-42)

此案例的整体设计流程及其中使用的各种方法工具可汇总成表4-2。

工程部件结构示意图

1.顶部盖子外壳 13.水箱标注线
2.蒸汽发生环 14.蒸汽管
3.蒸汽孔 15.电路板防水盖
4.顶部盖子卡扣 16.电路板
5.旋转部件 17.加热底座
6.产品外壳 18.加热线圈
7.中药蒸舱 19.底座盖
8.旋转马达/刀头 20.散热底座盖
9.集药底盖 21.开盖开关
10.水箱盖 22.注水线
11.蒸汽导管 23.集药上盖
12.水箱 24.集药把手

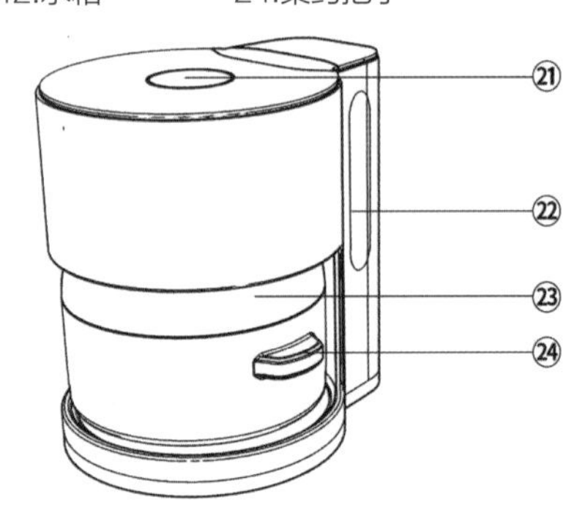

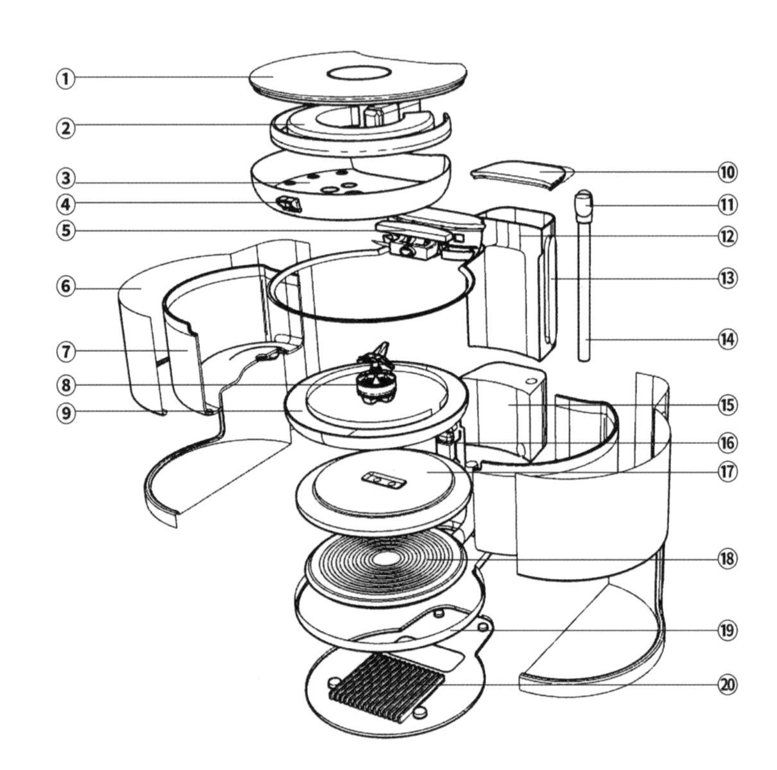

图4-40 设计方案的元件排布及分析

研磨舱:研磨中药更方便，采用不锈钢大号刀头与过滤网可拆卸清洗
按键开盖，一目了然
按键开盖,整体简洁,操作方便,功能直观
卡扣开盖。加水更方便。右部水箱利用耐高温透明塑料,水量直观清晰可见
2.5升水箱:超大容量,满足绝大多数中药汤剂煮制
密闭萃取，高温研磨
使药液的蒸发面进一步扩大，从而提升其萃取浓缩程度。药味更浓。药效也更为充分。
拿起放下，都很精准
凹凸卡扣,结构精巧。中药保温锅与底座采用磁性对齐锁扣,两者靠近即可紧密贴合。
操作面板。平面触摸按键设计,让各种操作看起来都赏心悦目.配套App端。
简单面板、大方操作
使用方便
操作便捷
中药煎煮从之前的浸泡-武火煎煮、文火煎煮-榨汁-二煎-三煎-滤汁-混合药液8道步骤缩减为浸泡-打碎-煎煮3道步骤，大大提高效率、缩短时间。
01药物浸泡,开机预热
02将药物倒入蒸汽研磨
03设置操作开关
04开始药物煎煮
05煎煮结束、取药
06药物可分装带走

图4-41 产品效果图

App图标设计说明

易方，是致力于为家庭中药养生用户提供更好养生资讯与产品使用体验，打造具有高效、乐趣健康的养生产品品牌，面向各类养生人群。易方蒸药机通过改良传统中医药的煮制方式与技术，使家庭中药煎煮变得更加简单、高效、快捷、容易。图标的设计提取产品顶视图剪影，采用圆弧造型，曲线简洁，更有美感。

+

=

配色方案说明

功能图标及底栏图标采用简单的线面结合手法绘制，给产品带来轻松、简单的感知，加入圆润的弧形和亮绿色元素，增加健康感、亲和感，符合产品调性。App的颜色定位，采用活力绿和青蓝色，给人明快、清新的感觉

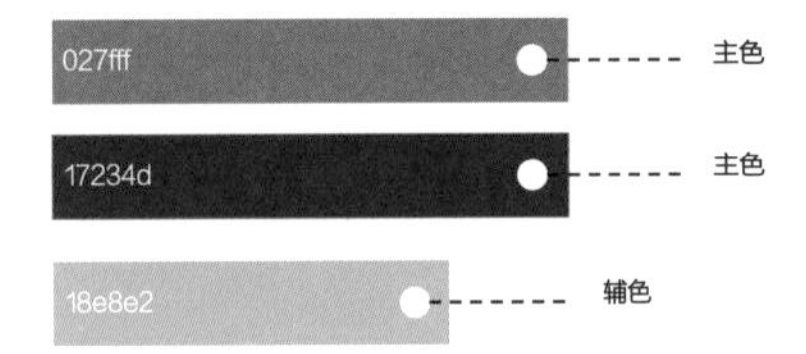

(a)

YIFUN 易方

交互说明

产品操作设置中，有保温、预约、设置以及清洗四大核心功能，用户可以根据个人处方需求进行蒸制调整。

App端也会为使用者提供相应的资讯服务与个人中心，方便用户学习了解更多中医药健康养生知识。产品App端以简洁、干净、实用为主，偏向人群为家庭中医养生人群。

(b)

图4-42　产品App端交互说明

表4-2 YIFUN家庭多功能中医养生产品方案整体流程设计

整合创新的流程		发现				理解、分析						解决			
		桌面调研	专家访谈	发现问题	确定方向	确定关键词	用户形象故事	技术可信性分析	竞品分析与评估	设计实验	功能元器件研究	机会点与要点	设计表达	确定品牌属性	产品宣传视频
整合创新的方法与工具	思维														
	数据收集														
	数据分析														
整合创新的相关理论	管理														
	商业														
	品牌														

- 设计与管理
- 设计与品牌
- 设计与商业
- 思维发散的方法
- 思维归纳的方法
- 以“访谈”为途径的数据收集方法与工具
- 以“观察”为途径的数据收集方法与工具
- 以“创作”为途径的数据收集方法与工具
- 数据洞察分析
- 商业模式分析
- BTU综合分析

2. HALFREEZE家庭式双开门冰箱设计

该方案的目标用户是中高收入的年轻家庭。经研究发现，冰箱内东西混乱，难分类，收纳是比较大的难点。该产品通过将食物分别放置在餐厅和厨房两个空间，实现对食物更好的存储、展示、收纳，在提供给用户即食食物的同时，也提供了展示功能，从而为用户提供了一种全新的食物储存方式。（图4-43）

在方案设计中，设计小组经调研发现了用户在使用冰箱中的一些洞察，即冰箱物品取用的便利程度与放置的高度和深度有密切联系：放置在拿取方便的高度时，空间越浅越方便；放置在拿取不方便的高度时，空间越大越方便；摆放在深处的物品的拿取便利性与摆放在浅处的物品的高度和密度有密切关系；视线下方的平台区域是使用较为方便的区域；使用频率高的物品适合放置在取用方便的位置；保质期长的物品习惯被放置在不方便的位置；体量大的物品习惯被放置在不方便的位置；易碎的物品习惯被放置在靠里侧的位置。（图4-44）

图4-43　产品效果图

方便的高度，空间越浅越方便。
不方便的高度，空间越大越方便。
摆放在深处的物品便利程度与同层浅处物品高度和密度有关

视平线下方的平台区域最为方便

以人体为尺度的深度，高度直接影响空间方便等级

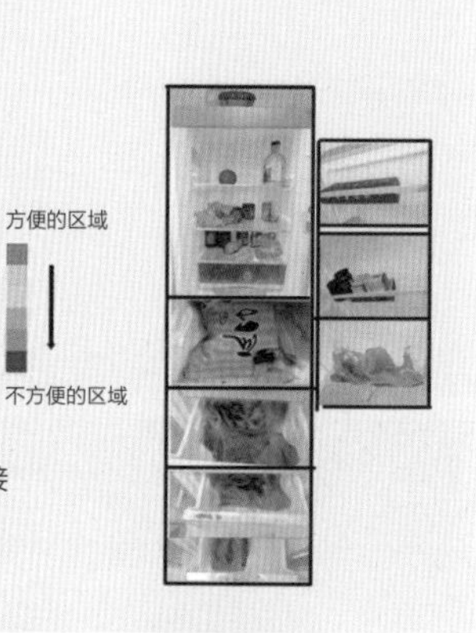

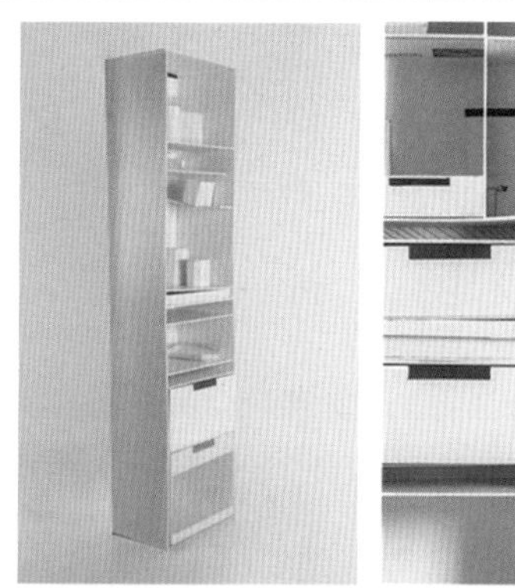

图4-44　产品人机关系示意

基于研究，设计小组还对家庭食物的存放进行了分析和分类。放置在厨房的食品为需要加工的食材，如调料、鸡蛋、肉类等，并针对性的设计了调料架、鸡蛋托盘、冻肉托盘等。放置在餐厅的食品为可以即食和展示的食材，如酒品、冰块、剩菜等，并针对性的设计了酒品展示保存区、保鲜托盘、制冰模块等。（图4-45）

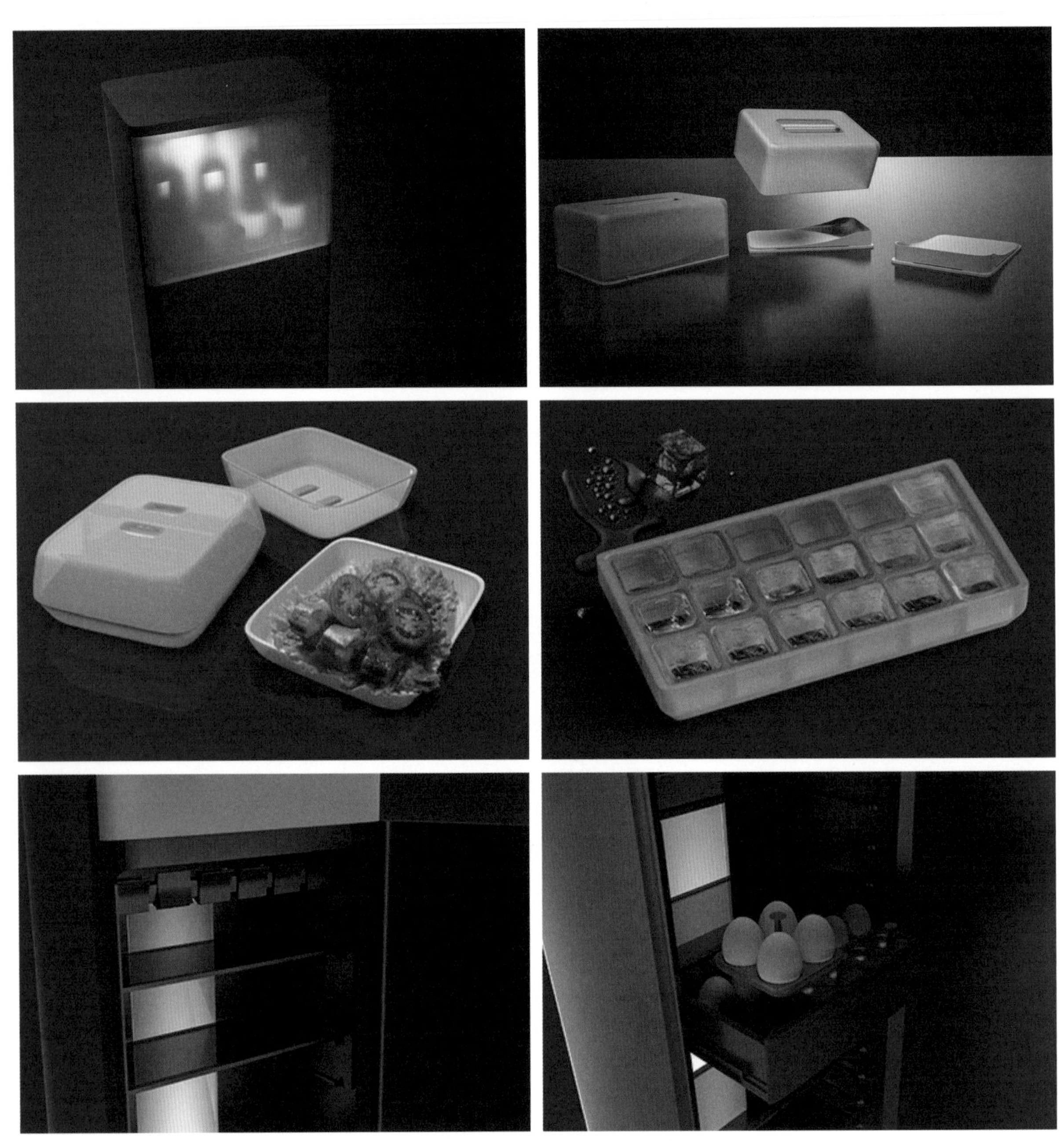

图4-45 产品内部的食物存放空间

3. Atrain智能健身产品设计

该设计方案面向对健身有需求的各类用户（不同能力的用户，训练难度不同），主要目标是为用户提供便携、有效、易用的健身体验，使用户不仅可以进行健身训练，还可以从App中获得适合自己的健身计划，此外还能通过智能设备，实时监控自身的训练表现。（图4-46）

产品的握柄与底盘结合，可供用户进行多种俯卧撑训练。同时根据App上的指导，用户还可以进行多种腹部及核心训练。如打开握柄两端的软胶，插入弹力绳模块，就可以根据自己的需要，选择弹力绳的根数，进行多种肌肉群训练；更换跳绳球模块，可进行跳绳心肺有氧训练。（图4-47、图4-48）

App的设计考虑了用户的使用流程，初次使用需要注册、输入相应信息、选择性进行体测等。App会给予用户适当的锻炼建议和计划，用户可以自行调整，也可以根据自己制定的计划进行训练。健身设备内置有心率检测元件，实时给予用户健身建议，实现了硬件检测软件实时显示的功能。（图4-49）

图4-46 产品效果图

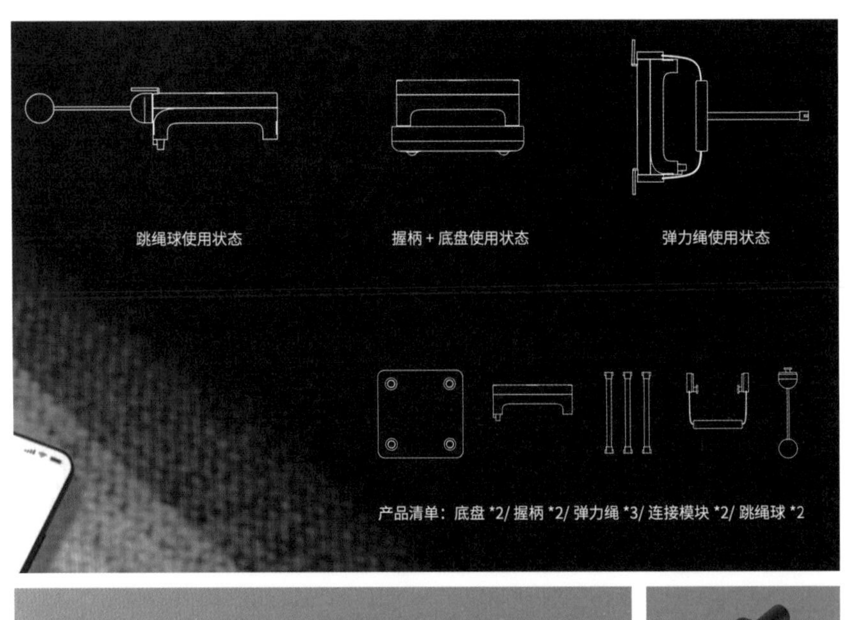

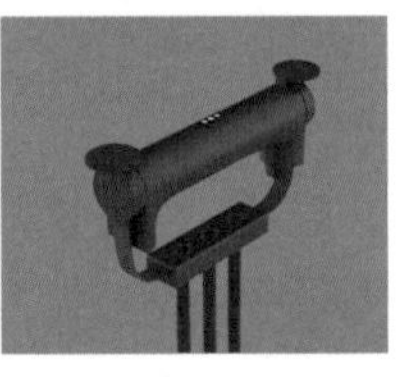

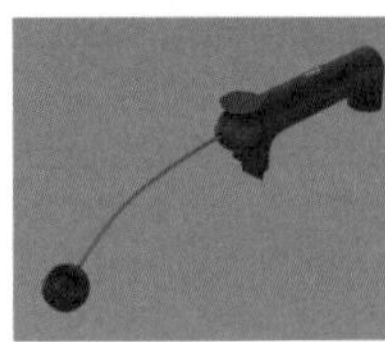

图4-47　结构及产品展示

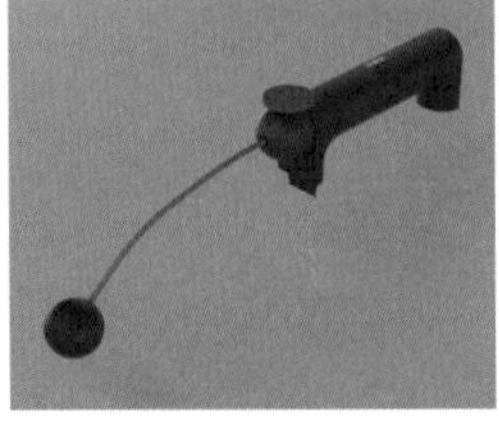

图4-48　应用展示

图4-49　App端效果示意

4. Airo 5G智能空气调节机设计

该设计方案的目标用户是小空间场景下的活动族群。产品的主要功能是加湿、净化、控温，定位是应对未来5G技术下的桌面空气调节服务系统，使用模式包括睡眠模式、厨房模式、休憩模式、母婴模式和办公模式。（图4-50）

设计小组从功能、用户、场景、情感、外观五大方面对产品进行全方位的定义，从而汇总了一个创新分布图。（图4-51）

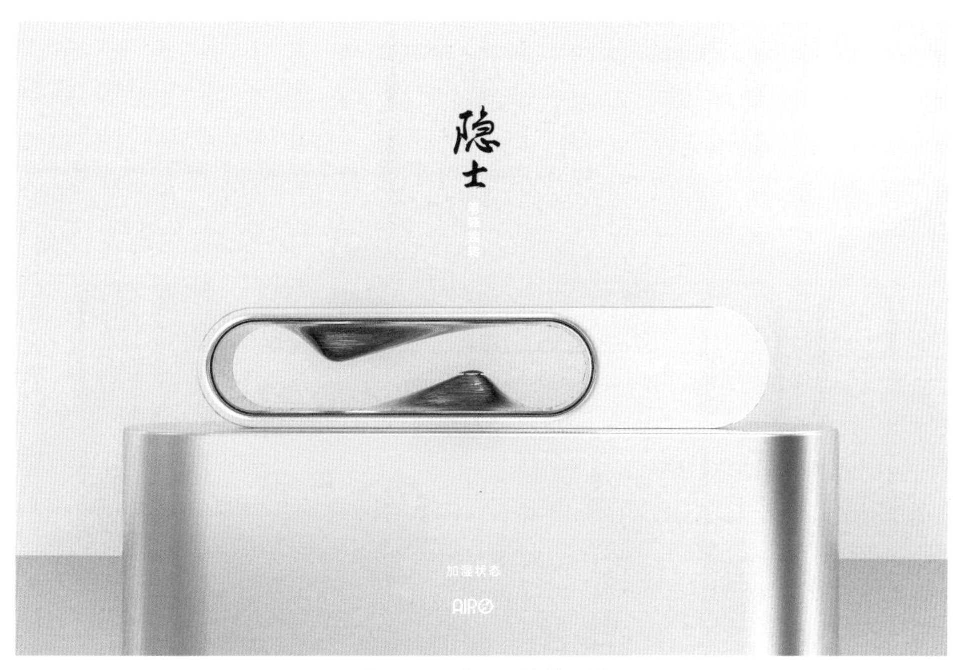

图4-50 产品设计效果图

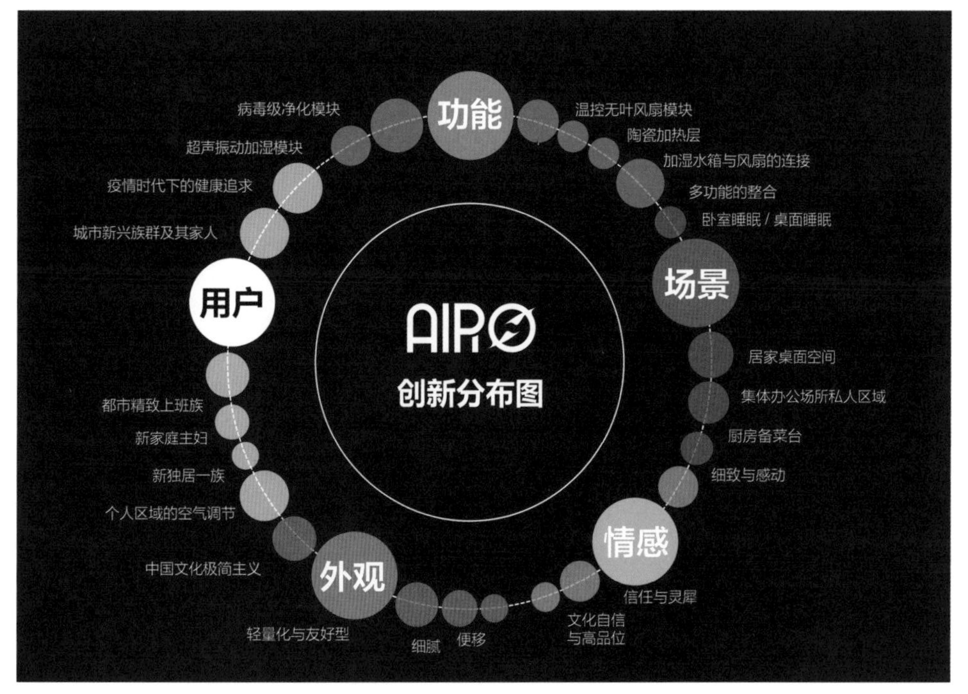

图4-51 产品设计创新分布图

在国家相关标准指导下，该方案的产品共71个零件，其中核心部件24个。在装配结构设计上，产品采用三级式设计规则，即外观机体件设计、内部固定保护结构件设计、核心功能硬件设计。整合性多元化功能要求更集约化的机体设计，因此，设计小组设计了一款轻量化的小机体——新型高速率竖向导风离心涡轮，从而带来更便捷的装配结构。该款离心涡轮采用了新型的“山形叶片”设计，增大了叶面面积，提高了单位转速下的吸风性能，因而适应小机体的高效率运转。该产品不仅以发热陶瓷片实现了暖风功能，还采用C型抑菌+HEPA滤芯模组（可更换）高密度抑菌叠层与HEPA滤网相间排列的形式。单位体积下，≥0.3μm病毒悬浮颗粒物、超小颗粒物、空间异味净化度可达99.5%。（图4-52）

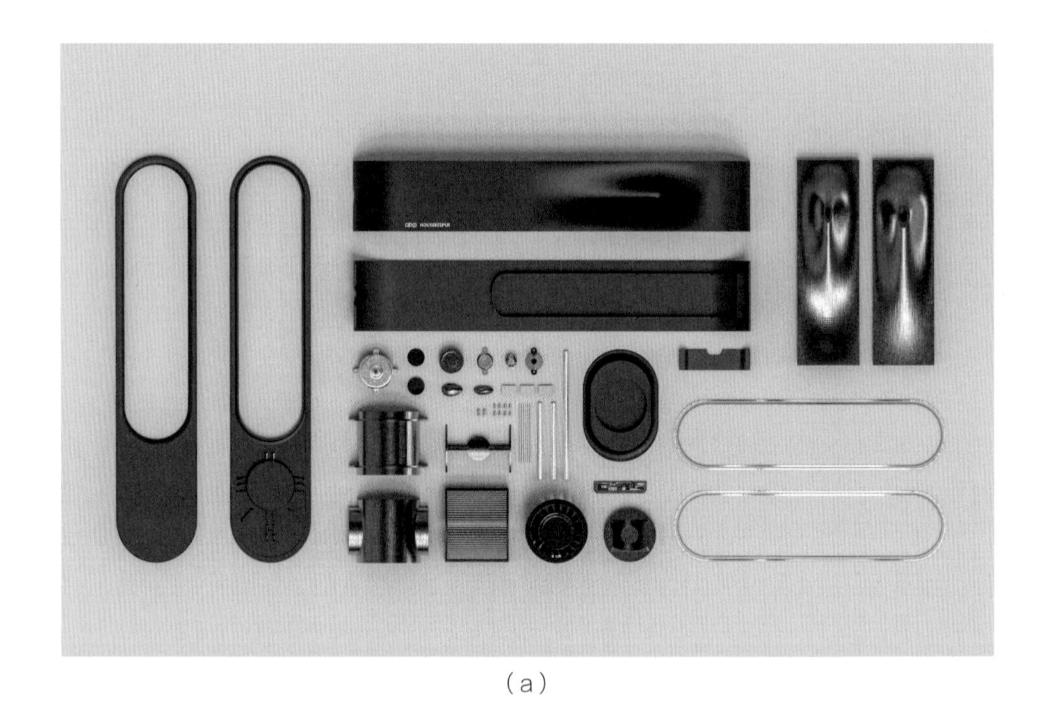

（a）

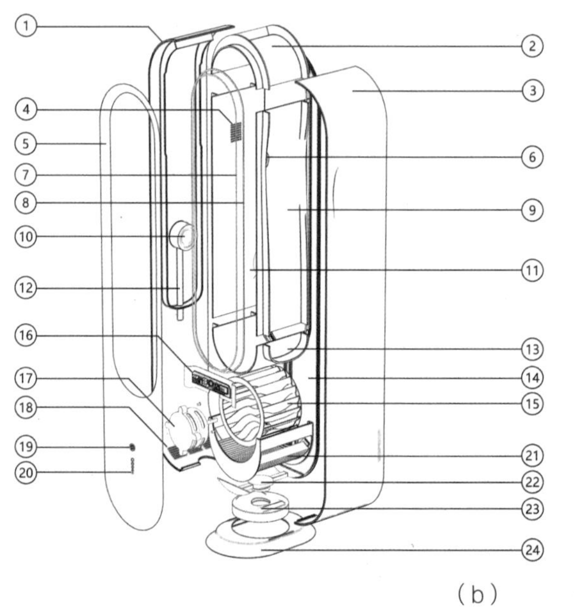

工程部件结构详解图

1.左侧外壳 / 储水容器
2.顶侧内壳 / 储水容器
3.右侧外壳 / 加水槽
4.左侧内壳 / 聚水孔
5.前侧外壳 / 开关与操作面板
6.右侧内壳 / 进水孔
7.内壳密封金属边
8.LED交互提示灯带
9.右侧内壳 / 储水容器
10.超声振动雾化装置
11.左侧内壳 / 喷雾口
12.防水线槽
13.底侧内壳
14.后侧外壳 / 充电模块
15.100mm离心涡轮 / 加热棒
16.集成电路控制主板
17.旋转电机
18.吸气孔
19.触控开关
20.电量显示灯 / 触控大小调节键
21.Hyper HEPA可更换滤芯
22.闭合旋转器
23.底座旋转件
24.底座

（b）

图4-52 部件结构示意图

在产品的设计中，设计小组还采用了专业加湿模式与温控风扇协作方式。在专业加湿模式以外，加湿器储水箱的水通过可控量的浸水管和吸水海绵到达涡轮腔，为风扇提供湿润分子，和空气一起释放到空间中。专业净化模式与空调扇模式的区别在于涡轮转动的速率大小。空调扇模式下，吸入空气会经过滤网层，因此同样具有一定的净化功能。而专业净化模式下，涡轮转动速率较慢，增加了空气通过滤芯模块的时间，从而提供了更好的净化效果。（图4-53）

在该方案中，产品还搭载Zigbee芯片，实现了多个相同机体间不同功能的互联协同运作，同时也为未来其他家电品牌协同物联创造了技术基础。（图4-54）

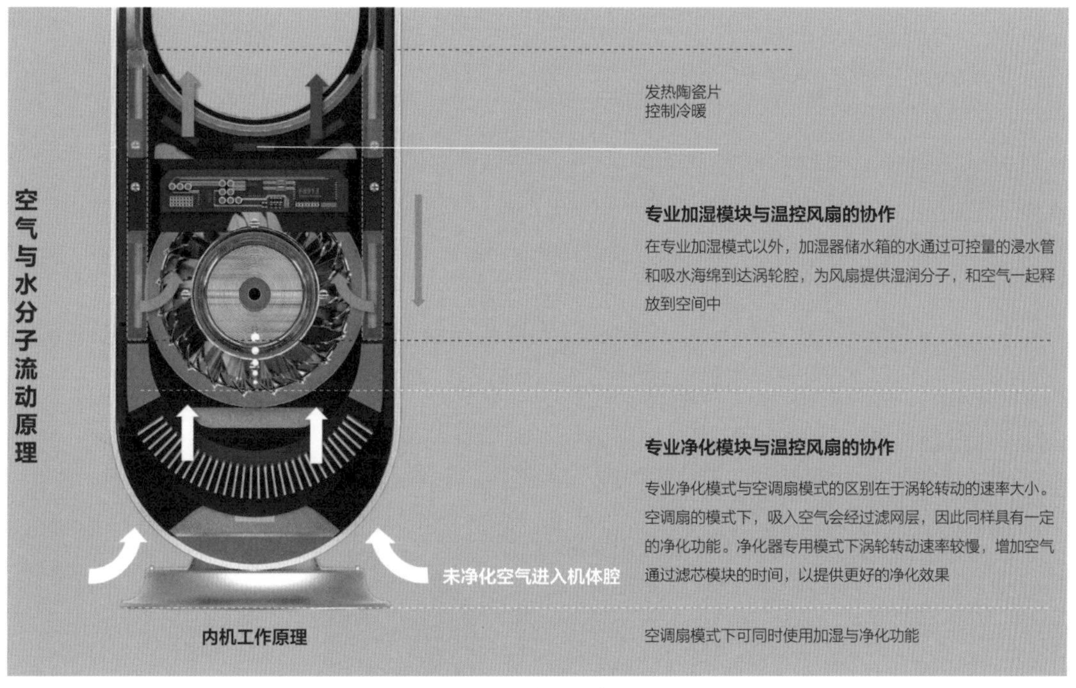

图4-53　产品设计原理

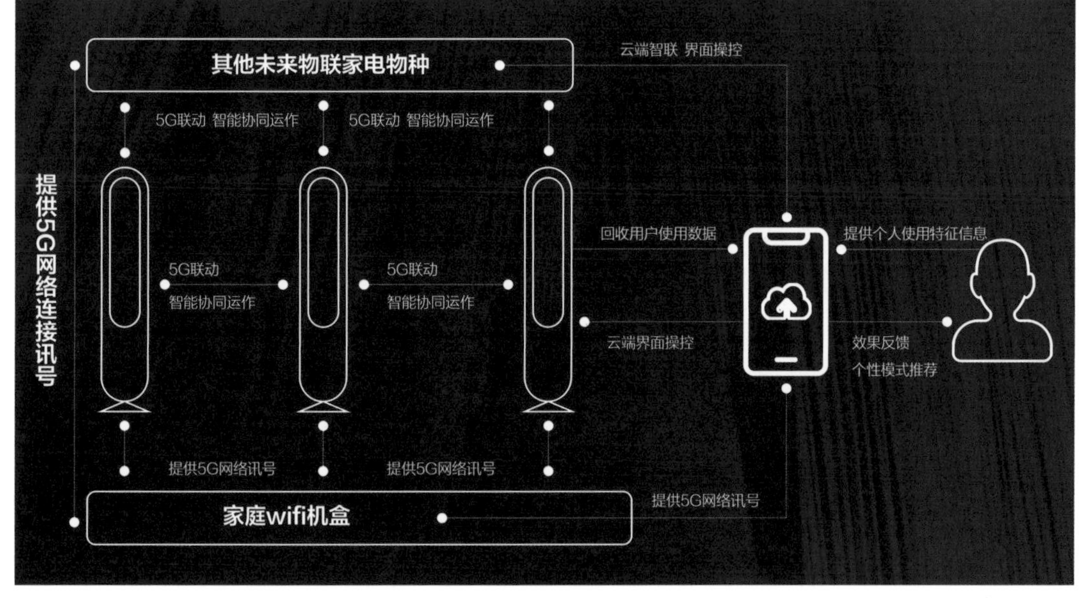

图4-54　物联前景

5. AnYee年轻人家用内衣清洗消毒存储产品设计

该设计方案的目标用户是当代对个人生活有精致追求的年轻人。产品的主要功能是将用户洗护内衣的整个过程整合，对个人内衣进行高效的清洗烘干、有效的消毒杀菌和卫生存放。产品的使用场景主要在家庭卫生间中和出差旅居时。（图4-55）

产品的设计目标包括更加高效地清洁和烘干内衣；使用户的内衣保持干净、卫生，穿起来舒适、放心；使用户出差时有干净的内衣穿。

产品中所使用的技术主要包括深紫外LED消毒技术、PTC加热技术、壁挂技术和电机技术。以往，紫外线消毒仍依赖于汞灯技术，运用于医用消毒、物体表面消毒等，但其因高压、产生臭氧等原因受到限制。在紫外线LED消毒技术中，深紫外LED灯珠具有杀菌效果好，用时短，耗电低，寿命长等优势，具有较高的技术可行性。PTC加热一般应用于空调机、热风机、去湿机、干燥机、干衣机、暖风机等需要提供暖风的设备上。PTC加热具有安全、节能、寿命长的优势。壁挂式洗衣机背板（以小吉为例）可以清洗3kg重量的衣物，承重500kg。目前的壁挂式洗衣机的电机主要分为两类，一种是传统电机（皮带传动），塑料皮带容易老化，耗能高，噪音大。另一类是DD电机（直接传动），更加节能、静音、耐用。（图4-56）

图4-55　使用场景

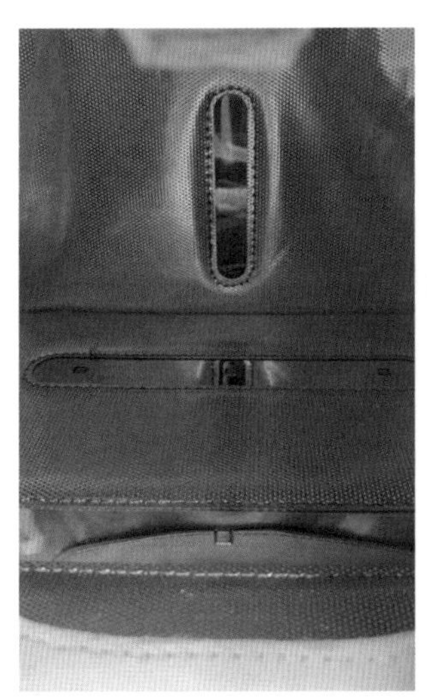
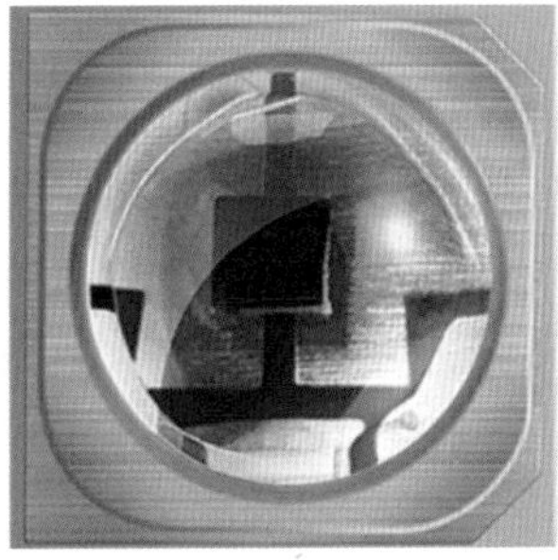

（a）深紫外LED消毒

（b）壁挂技术

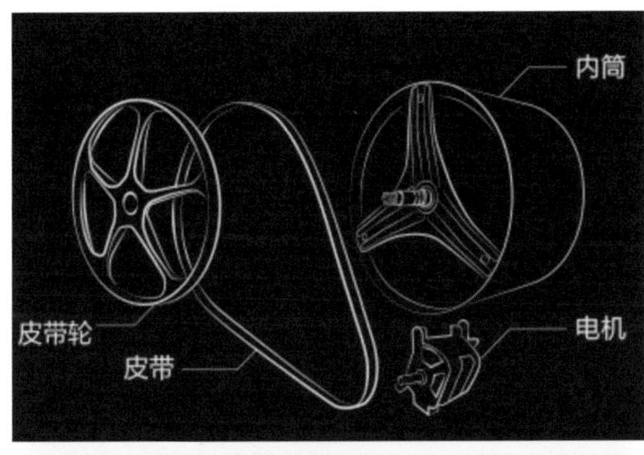

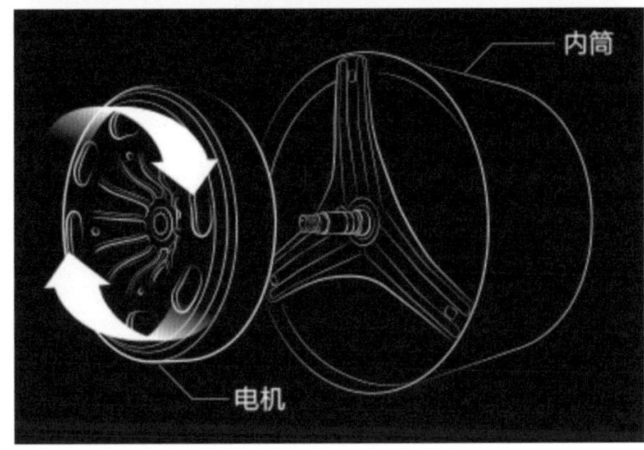

（c）电机技术

图4-56　技术分析

产品主体分为左右两个部分，左侧为产品的核心清洗功能区域，右侧分为上下两个部分（图4-57）。上下两个模块可选配消毒模块（图4-58）和便携模块（图4-59），适应一个人的短期出差和存储场景。产品内含有洗涤剂盒、DD直驱电机、绒毛收集器等结构。

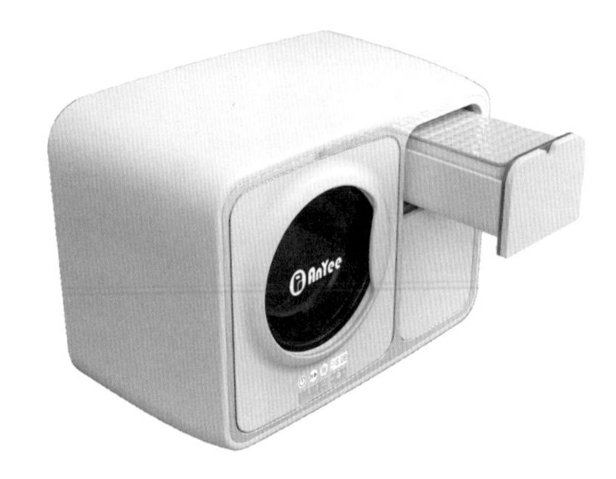

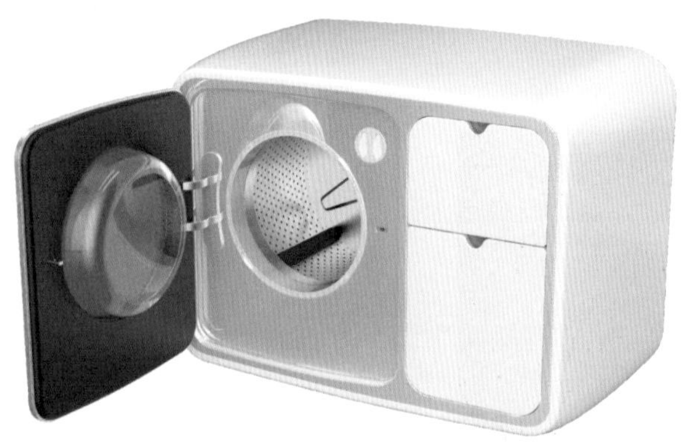

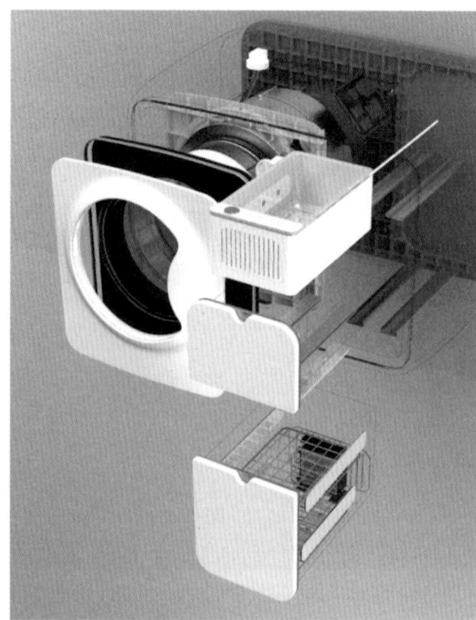

图4-57　产品外观及结构

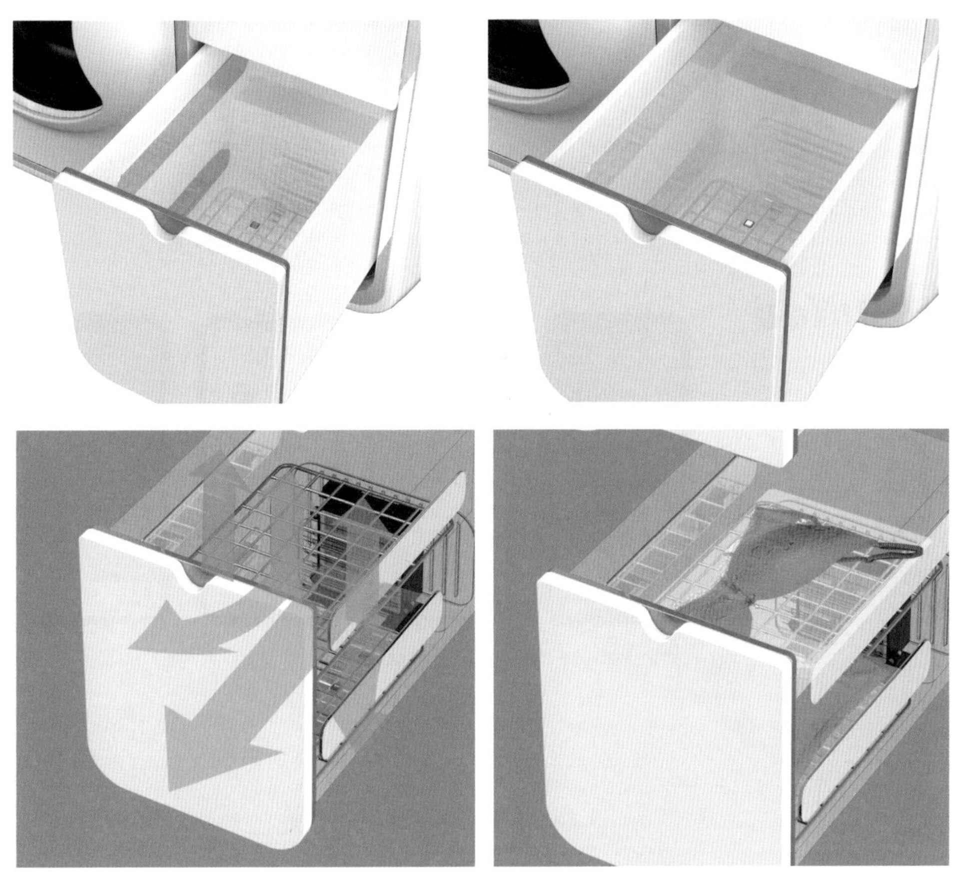

图4-58　消毒存储模块及热风输送示意图

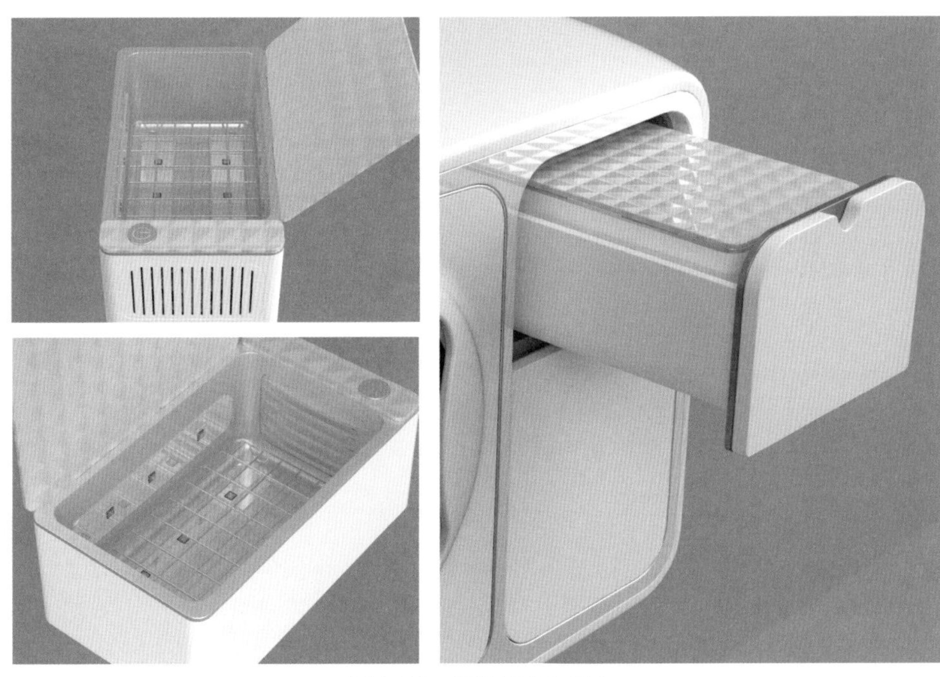

图4-59　便携模块示意图

基于使用需要，设计小组还为产品设计了一个小程序。由于产品在使用过程中会涉及清洗、消毒烘干、便携模块三个部分，因此App中除了几个核心功能外，还增加了预约清洗、烘干消毒、健康讯息订阅的服务，以方便用户日常使用，同时为其提供衣物清洗的健康指导。(图4-60)

安衣 AnYee

产品使用过程中，会涉及清洗、消毒烘干、便携模块三部分。App中除了这几个核心功能以外，增添了预约清洗、烘干消毒和健康讯息订阅，方便用户日常使用的同时也可以为用户提供日常生活的健康指导。

图4-60　产品App界面示意图

案例图片合集

参考文献

[1] 何人可. 工业设计史（第3版）[M]. 北京：高等教育出版社，2004.

[2] 陈劲. 协同创新 [M]. 杭州：浙江大学出版社，2012.

[3] 帕特里克·纽伯里，（美）柯文·法恩汉姆. 体验设计：一个整合品牌、体验与价值的框架 [M]. 邹其昌，全行，译. 北京：电子工业出版社，2017.

[4] 特里·李·斯通. 如何管理设计流程：设计执行力 [M]. 北京：中国青年出版社，2012.

[5] 陈圻，刘曦卉等. 设计管理理论与实务 [M]. 北京：北京理工大学出版社，2010.

[6] 代尔夫特理工大学工业设计工程学院. 设计方法与策略：代尔夫特设计指南 [M]. 吴卓浩，倪裕伟，译. 武汉：华中科技大学出版社，2014.

[7] 库玛. 企业创新101设计法 [M]. 胡小锐，黄一丹，译. 北京：中信出版社，2014.

[8] 文灿，金美子，林男淑等. 与众不同的设计思考术 [M]. 武传海，译. 北京：电子工业出版社，2012.

[9] 贝拉·马丁，布鲁斯·汉宁顿. 通用设计方法 [M]. 北京：中央编译出版社，2013.

[10] 波尔蒂加尔. 洞察人心：用户访谈成功的秘密 [M]. 北京：电子工业出版社，2015.

[11] 亚历山大·奥斯特瓦德，伊夫·皮尼厄. 商业模式新生代 [M]. 北京：机械工业出版社，2011.

[12] 布朗. IDEO，设计改变一切：设计思维如何变革组织和激发创新 [M]. 侯婷，译. 沈阳：万卷出版公司，2011.

[13] 时迪. 协同设计思维与方法 [M]. 江苏凤凰美术出版社，2019.

后记

“整合创新设计”是伴随着设计学科进入交叉学科门类，围绕新时代国家发展重大战略与经济社会转型过程中设计教育知识体系扩充而建设的一门综合性较强的专业核心课程。这门课程强调在设计创新过程中不同知识领域的跨专业合作。合作共赢是学生走向社会的必备素养。以遵循时代需求与学科特点，全面准确落实党的二十大精神，充分发挥教材铸魂育人功能为目标，本课程以团队合作的形式，提升学生的资源整合能力与组织共创能力，为企业培养真正需要的创新型人才。

在近年来教学改革的过程中，江南大学围绕整合创新思想，以整合创新实验班近十年的课程组织与积累为本科教学改革内容之一，“适应未来转型，以整合创新为导向的设计类人才培养模式的改革与实践”获得了国家级教学成果二等奖。并且学院将整合创新设计作为核心课程在全专业覆盖，进行进一步的内容建设。四年后，新的教学改革“立足中国实践，多维协同的设计类一流本科人才培养体系创新与构建”再次荣获国家级教学成果二等奖。课程建设必须在经济发展的关键时期发挥作用，为时代塑造急需的创新人才。产品设计、工业设计专业建设与人才培养也是相关产业经济创新发展的一种动力来源。

以习近平新时代中国特色社会主义思想为指导，以求是创新的躬耕态度，课程内容在科技创新与文化创新的总体目标中寻找相关主题定位。从课程建设到人才培养再到学科建设，希望从大处着眼、小处着手，能在整体统筹、系统推进教育强国、科技强国、人才强国建设中做出一些积极努力。

邓嵘